温梦霞 编著

滋养女人的

100种食物

大医生

SPM 南方出版传媒

广东科技出版社｜全国优秀出版社

·广州·

图书在版编目(CIP)数据

滋养女人的100种食物 / 温梦霞编著. —广州：

广东科技出版社, 2016.8

ISBN 978-7-5359-6572-1

Ⅰ.①滋… Ⅱ.①温… Ⅲ.①女性—保健—食谱

Ⅳ.①TS972.164

中国版本图书馆CIP数据核字（2016）第183175号

滋养女人的100种食物
Ziyang Nüren De Yibai Zhong Shiwu

责任编辑：赵 杰 李 莎

封面设计：瑞雅书业·付世林

责任校对：黄慧怡 蒋鸣亚 梁小帆

责任印制：吴华莲

出版发行：广东科技出版社

（广州市环市东路水荫路11号 邮政编码：510075）

http：//www.gdstp.com.cn

E-mail：gdkjyxb@gdstp.com.cn（营销中心）

E-mail：gdkjzbb@gdstp.com.cn（总编办）

经 销：广东新华发行集团股份有限公司

排 版：瑞雅书业·张彩萍

印 刷：北京市梨园彩印厂

（北京市通州区梨园镇大马庄村 邮政编码：101121）

规 格：787mm×1 092mm 1/16 印张15 字数360千

版 次：2016年8月第1版

2016年8月第1次印刷

定 价：39.80元

目录
CONTENTS

第三章

滋补又美颜！68种食物，养出女人味

（美体减肥 72）

滋补又养颜

第一章 吃出美丽，吃出健康

　　每一位女性都想拥有苗条的身段、白皙的肌肤、飘逸的秀发、天鹅般的美颈……而这些美丽细节都与饮食生活有着千丝万缕的关系。正常的生活规律、合理的膳食可以让女性从头到脚都变得美丽无限。

自测！你的饮食是否合理？

在我们的生活中，一日三餐是头等大事。五谷杂粮、蔬菜、水果，甚至是调味料，都在不知不觉中影响着女性的健康和美丽。合理的膳食不仅要吃出食物的滋味，更需要吃出健康，吃出美丽。另外，良好的饮食习惯也直接决定着我们的营养状况，所以，健康离不开良好的饮食习惯，更离不开合理的膳食结构。简而言之，为了健康美丽，我们需要摄入均衡的营养，在日常饮食各方面都需要格外注意。

健康饮食自测

怎样才能知道自己的膳食结构是否合理呢？下面的小测试可以帮助你了解自己的膳食结构，看看自己是不是均衡地摄取营养，保证了健康所需。

现在请根据实际情况，选择最符合你的答案，在后面打钩。

题目	A.每日如此	B.经常如此	C.偶尔如此	D.几乎不吃
1.不吃早餐。				
2.每餐都要吃米饭或面食。				
3.每餐吃得十分饱。				
4.两餐之间吃东西。				
5.看电视或看书时也吃东西。				
6.吃粗粮或杂粮。				
7.吃水果蔬菜。				
8.吃鱼、虾、海带等海产品。				
9.吃油炸食品或油腻食物。				
10.饮食中包括不同颜色、口味的食品。				
11.喝牛奶或吃豆制品。				
12.吃糖果、糕点。				
13.服用维生素、矿物质等保健品。				
14.一天喝两杯或更多的咖啡、饮料。				

题目	A.每日如此	B.经常如此	C.偶尔如此	D.几乎不吃
15.节食减肥。				

评分标准

按照每一题的选择在表格中计分，最后计算总分。

题目序号	选A项得分	选B项得分	选C项得分	选D项得分
1	1	2	3	4
2	4	3	2	1
3	1	2	3	4
4	1	2	3	4
5	1	2	3	4
6	4	3	2	1
7	4	3	2	1
8	4	3	2	1
9	1	2	3	4
10	4	3	2	1
11	4	3	2	1
12	1	2	3	4
13	4	3	2	1
14	1	2	3	4
15	1	2	3	4

测试结果

若得分在45分以下，表明你选择的食物有问题。你需要重新搭配自己的食谱，尽量按照得分高的选项来做。这一措施不必急于求成，可逐渐改变。

若得分为45～50分，表明你所选择的食物基本是对的，但是仍有需要改善的地方。不妨再仔细检查一下，将自己的膳食结构再做一些微小的调整。

若得分在50分以上，表明你的膳食结构基本已经达到了良好健康水平，营养的摄取已经相当充分且均衡，不必再补充维生素或保健品，希望你能够将健康的饮食习惯继续保持下去。

解密！健康食物的天然功效

食物是摄取营养的主要渠道，身为女性的你在一日三餐中最应该吃些什么呢？又应该如何去吃？带着这些问题，我们一起来了解下面的内容吧！

多食五谷杂粮是健康的基础

大米、小麦、高粱、玉米、大豆——不管餐桌上的菜式如何变化，主食永远都是那么几种，它们不但解决了中国人的温饱问题，而且牢牢占据了几千年来食谱的头等位置。虽然我们把它们称为五谷杂粮，但五谷杂粮并不仅仅包括这五种食物，也包括了大麦、薏米等日常生活中常见的粗粮、杂粮。从最早的医书《黄帝内经》开始，人们就强调饮食应以"五谷为养"。一个"养"字，很好地说明了五谷在日常饮食中的地位和作用。《红楼梦》中薛宝钗指出林妹妹身体不好的原因是"不能食五谷"，林黛玉身体得不到足够的能量来维持新陈代谢，因此越来越不健康。现在的许多女性因为工作、减肥等原因而省去了正餐，但又拼命地补充各种维生素，结果是本末倒置。另外，在现代人的食谱上，杂粮的比例大大下降，这也大大影响了现代人的身体健康。其实杂粮对健康的意义是很明显的。食物越来越精细，造成的后果就是高血压、肥胖等慢性病发病率越来越高。特别是对女性朋友而言，杂粮有着不可替代的作用。杂粮中含有丰富的膳食纤维，这可以帮助女性改善顽固性便秘，达到清脂减肥的目的。

健康生活与蔬菜的关系

蔬菜是人们生活中必不可少的食物之一，对于女性的健康美丽同样不可或缺。

众所周知，蔬菜可提供人体所必需的多种维生素和矿物质。根据国际粮农组织统计，在人体必需的维生素中，90%的维生素C、60%的维生素A都来自蔬菜，可见蔬菜对人体健康的重要性。同时，研究还发现，蔬菜中许多维生素、矿物质微量元素以及相关的植物化学物质、酶等都是有效的抗氧化剂，能够有效清除体内的自由基。所以蔬菜不仅是低糖、低盐、低脂的健康食物，同时还能有效地减轻环境污染对人体造成的损害，抵御衰老。

女人水灵离不开水果

水果中含有丰富的维生素C，维生素A，维生素E，叶酸，微量元素钾、镁以及膳食纤维等营养成分，而热量却很低，所以具有减缓衰老等作用。有些水果中还含有丰富的膳食纤维，能起到减肥瘦身的功效。此外，多吃水果可以补充水分，保养皮肤。

水果在早晨进食最好。这是因为人在早起时供应大脑的肝糖耗尽，这时吃水果可以尽快补充糖分。但要注意不少水果不宜空腹食用，如香蕉、柿子等，否则容易引起肠胃疾病。因此早晨吃水果，一定要谨慎选择水果种类，苹果便是个不错的选择。

如果将水果纳入正餐范围内，则应该在饭前1～2小时进食，这样才能将水果的精华吸收。因为肠胃消化食物并不是同时进行的，而是按照食物的种类来分次消化，我们的胃需要约4小时来消化蛋白质，需要6小时来消化脂肪，水果则只需要1小时。如果水果和其他食物同吃，我们的胃便会首先分解蛋白质，然后是淀粉，继而是其他食物例如脂肪，水果则排在最后。

由于水果的热量和含糖量很高，所以并不适宜代替晚餐。夏天，一些女孩以西瓜代替晚餐，而实际上半个中等大的西瓜，便使你在不知不觉中摄入了600多千卡（1千卡=4.1868千焦，全书同）的热量，相当于3碗米饭。所以只吃水果不吃饭，其结果可能适得其反。当然，入睡前吃水果也不利于消化，尤其是纤维含量高的水果，对肠胃功能差的人来说，更是有损健康，凉性的瓜类在入睡前更应节制食用。

必备！12大营养素，最补女人身

营养素名称	益处	推荐食物
蛋白质	蛋白质是构成人体组织最主要的营养物质，也是输送体内所需物质的主要纽带。它具有促进人体生长发育、更新和修复细胞、提供能量、调节生理功能的作用	豆类食品、瘦肉、蛋类等
碳水化合物	碳水化合物即糖类，它是人体主要的供能物质，具有提供热量、调节脂肪代谢、提供膳食纤维及增强肠道功能等作用	五谷杂粮类、根茎类作物等
脂肪	脂肪是人体热量的主要来源之一。它具有供给热量、维持体温、保护内脏器官、配合脂溶性维生素的吸收和利用等功能	肉类、动物肝脏、植物种子等

营养素名称	益处	推荐食物
矿物质	矿物质是存在于人体内和食物中的营养元素。它是构成身体组织（骨骼、牙齿）的主要原料，具有调节生理功能的作用	绿叶蔬菜、奶类制品、豆制品等
维生素	维生素是维持人体正常生理活动所必需的物质。人体所需的维生素包括维生素A、维生素C、维生素D、维生素E及B族维生素等，能促进主要营养元素的合成和降解，在体内起催化作用	动物肝脏、肉蛋奶类、蔬果类等
膳食纤维	膳食纤维是健康饮食中不可缺少的物质，具有促进肠道蠕动、防治便秘、促进消化、减肥、降低胆固醇等功能	糙米等杂粮、根菜类、海藻类等
锌	锌是人体六大酶类的组成成分之一，对全身代谢起重要作用。如果膳食中锌摄入不足，就会出现厌食、偏食、皮肤病、免疫系统紊乱等	鸡蛋、鱼、核桃、花生等
镁	镁是参与人体正常生命活动及新陈代谢中必不可少的元素。具有促进骨骼生长、缓解女性经期紧张等作用	小米、黄豆、香蕉、橘子等
水	水是体内最好的润滑剂和溶剂，也是人体不可或缺的营养物质之一。它能够促进食物的消化及吸收，还能调节体温，运输营养物质	一般食物中都含有水，只是含量多少的问题，蔬菜、水果中含水量较多
铁	铁是人体中含量最多的微量元素，是制造血红蛋白的主要原料，在氧的运输及呼吸等许多代谢中起重要作用	动物肝脏、鸡蛋黄、海带、黑木耳、豆腐等
碘	碘是人体必备的微量元素之一，有"智力元素"的美誉，有利于促进骨骼发育，调节糖类、脂肪代谢等。另外，经常食用含碘食物还有助于消除紧张，帮助睡眠	贝类、海藻类等
硒	硒具有预防衰老、抗癌症、养护肝脏的作用	蘑菇、鸡蛋、动物内脏等

必学！饮食好习惯，助女人更健康美丽

　　"民以食为天，食以安为先"是我们经常听到的一句俗语。良好的饮食习惯影响着女人的健康和美丽。当吃什么不再是问题的时候，怎么吃便成了最重要的问题。下面的几个饮食习惯，有助于女性更健康美丽。

◎ 一天喝够1.2升水。

　　人体通过呼吸、皮肤蒸发和排泄等渠道，每日平均要消耗约2.5升的水分。除了人体自身物质代谢可在体内氧化生成300毫升水外，每日还至少应从饮食中补充2.2升的水才能达到基本平衡。如果要维持身体的正常代谢，每日直接饮水需要保证在1.2升以上。虽然水对人体有如此重要的作用，但也不能太夸张地饮水。过量饮水有可能导致人体钾、钠等盐分过度流失，打破人体电离平衡，影响某些功能；而过量的水渗透会造成细胞水肿，导致头昏眼花、心跳加快等症状，严重时甚至会出现痉挛、意识障碍和昏迷。

◎ 饮食宜细嚼慢咽。

　　食物在口中细细地咀嚼，能够促进食物内营养的吸收，同时利于消化。另外，多次反复咀嚼食物还能牵动面部肌肉，促进头部血液循环，有健脑、益智的作用。相反，进食速度过快，食物不能得到充分咀嚼，一方面不利于营养的吸收、加重肠胃负担，另一方面还容易发胖。

◎ 多喝豆浆，做东方丽人。

　　对东方女性来说，豆浆比牛奶更贴近我们的生活。从营养学角度来说，豆浆毫不逊色于牛奶，养生保健价值更胜一筹。豆浆中大豆皂苷、异黄酮、卵磷脂等特殊的保健因子价值很高，还可避免因为饮用牛奶常常出现的乳糖不耐症。每日喝一杯豆浆，能让身体健康起来。

◎ 粗粮、细粮合理搭配。

　　如今，现代女性都开始注重食物精细度，而不爱吃粗粮，然而，适当地吃一些粗粮是十分必要的，因为粗粮中含有不少人体必需的营养元素和膳食纤维，膳食纤维能帮助人体清理肠道、促进消化，从而预防便秘。因此女性在选择精细食物的同时，也不要忘掉可以清理体内毒素的粗粮，做到饭食粗细搭配得当，才能让身体更健康。

◎ 远离路边摊。

　　快节奏的都市生活使上班的女性无暇顾及健康的饮食，从而选择方便快捷的路边食品。殊不知，这会给身体带来严重的危害。路边的食品，多半没有卫生保障，不宜多食。

◎ 吃干果需适可而止。

　　许多女性都有一个共同的爱好——吃零食。干果虽然是女性首选零食的一种，却不可以多吃，因为干果中维生素的含量很低，不利于维生素的摄取；同时，干果所含的热量和糖类远高于一般的新鲜水果，吃多了容易发胖，不利于减肥。此外，干果类食品往往经过加工、包装，其中添加的防腐剂不利于身体健康。

◎ 适量吃甜食。

　　大多数女性都爱吃甜食，但又担心吃甜食会长胖。其实，适时、适量吃甜食不但不会带来长胖的困扰，而且还有利于人体热量的补充。空肚子的时候吃甜食，热量吸收的效果是最好的，但很容易吃多。如果把这些甜食放在饭后吃，那么就会与正餐中的食物一起消化，热量吸收就会比较少，而且不容易吃得过多。这样，就可以达到吃了甜食不会长胖的效果了。

◎ 少吃腌制食品。

　　腌制食品好吃又实惠，且携带方便，不少女性喜欢把它作为下饭菜。其实腌制食品最好不要多吃、常吃，因为其中的食盐容易转化成亚硝酸盐，食用后，亚硝酸盐易受体内酶的催化作用，与体内的各类物质相互作用而生成致癌物质，长期过多食用对健康不利。

再测！了解自己的健康状况

健康状况自测

你的生活习惯健康吗？生活习惯对一个人的健康非常重要。如果你想知道自己的生活习惯是否健康，就拿起笔来，算出自己的健康得分（回答下面的问题，"是"得1分，"否"得0分）。

1.你是否每日至少3餐，其中包括一顿固定的早餐？

2.你是否限定饮食中脂肪的摄入量低于食物总量的30%？

3.你每日的膳食中是否包含20～30克的纤维素（富含于水果、蔬菜、糙米、全麦面包、谷物、干豆类食物中）？

4.你是否每日吃5种水果或蔬菜（如橙子、草莓、黄瓜、西红柿），以补充β-胡萝卜素和维生素？

5.你是否觉得比大多数儿时的伙伴都成功？

6.你是否再忙也要和家人聊聊天？

7.你是否不吸烟，也不间接吸烟？

8.你是否极少饮酒或每周饮酒少于3次？

9.你是否在过去的6个月内查过血压，血压正常吗？

10.你是否很注意食物中的盐，几乎不吃含盐高的食物？

11.你对你的身体和体形是否很满意？

12.当你做体育锻炼的时候，你是否感觉到没那么容易累？

13.你是否每日饮用8杯水，若运动则饮用更多？

14.你是否定期进行身体的健康检查？

15.你是否在月经期后的一周内进行乳房的自我检查？

16.你是否接受医生的建议做乳房X线片检查？

17.你是否保证每周3次、每次至少20分钟的有氧运动？

18.你是否过有规律的性生活？

19.你对自己的性生活是否很满意？

20.你是否有充足的休息与睡眠？

21.你是否每晚都能睡7小时以上？

22.你早晨醒来后是否觉得睡得很好，精力充沛？

23.你是否大多数时间都觉得自己精力充沛?

24.你是否有很多亲密的朋友?

25.当你有问题的时候,是否可以跟你的朋友讨论?

26.你是否能承受压力,特别是工作中人际关系的压力?

测试结果

如果你的总分为23分以上,不错,说明你的生活习惯比大多数人健康。

如果你的总分为13～23分,还可以,虽然不太理想,但你的生活习惯与大多数人差不多,有改善的机会,建议调整生活习惯。

如果你的总分为13分以下,要小心,你的生活习惯很不健康,需要改善,建议马上做出调整。

专题一
如何正确饮用蔬果汁

新鲜蔬果汁中含有大量抗氧化的维生素A、维生素C、维生素E等，不但可以抵御岁月留下的痕迹，还可以消除自由基对细胞的破坏，延缓衰老，抚平细纹。另外，蔬菜中丰富的纤维素，还有助于促进胃肠蠕动，缩短毒素在体内停留的时间，帮助消化，促进排泄。若排泄顺畅，体内毒素和废物就能排出，容光焕发、好气色就会紧跟其后。蔬果汁有益健康，但如何喝才能做到事半功倍呢？如何才能以更健康的方式喝果汁呢？

◎ **选择安全蔬果。**

蔬果汁通常是直接将蔬果打成汁饮用，最好选择没有施肥料及农药的蔬果，或低农药的有机蔬果，或通过食品安全认证的蔬果。

◎ **选择应季蔬果。**

应季蔬果大多都是在最适合的时期生长，病虫害较容易控制，农药也会用得少，因此农药残留会比较少；应季蔬果营养价值会更丰富，且物美价廉，为蔬果汁的首选材料。

◎ **蔬果清洗干净。**

蔬果汁大部分都是用来直接饮用的，故在榨汁之前最好去皮或者清洗干净，以免农药残留物引发中毒。

◎ **现榨现饮。**

蔬果汁最好现榨现饮，而且最好在半小时内喝完，以免因放置太久而导致营养流失或变质。

◎ **细品慢饮。**

喝蔬果汁时需细品慢饮，以避免因喝得太快而使蔬果汁中的糖分过快进入血液，导致血糖升高。可以先将蔬果汁含在嘴里，等唾液与蔬果汁充分融合后再咽下。对于喜欢大口饮用的人来说，也可以在蔬果汁中加入同等分量的温水，稀释后再饮用。

◎ **早上饮用。**

早上人体对蔬果汁的吸收能力最强、效果最理想。肾脏功能较弱的人，晚上不适宜过量饮用蔬果汁，以免造成手脚和脸部的浮肿。

滋补又美颜

第二章

四大养生宝典，养出女人好气质

养生保健是很多女性非常关注的话题之一。根据季节养生，可以让女性四季如花。根据体质养生，更具有针对性和有效性。根据五色食物养生，有助于女性吃出健康。根据女性的不同年龄阶段养生，有助于女性在人生的每个关键时期，健康美丽相伴。

适时而食，
让女人四季如花

春季是由冬寒向夏热过渡的季节，天气由冷变暖，变化不稳定，乍暖还寒。因此，女性在经历了寒冬的饮食习惯之后，应合理调整饮食，进行春季的饮食护养。

饮食宜忌

宜食偏温补食物

春季时，人的肝气旺盛，而脾胃的阳气虚弱，故食欲会下降。因此，女性在饮食上宜偏重一些温补的食物，从而滋补脾胃，维持消化系统的正常运行。

宜甜少酸

酸性食物能使肝木偏亢从而损伤脾胃的正常消化功能，而甜食则有助于防止肝气过旺，有肝脾互养的功效。另外，春季宜养脾胃，而薏米、大枣、豆浆等都能养肝、健脾胃。

食物推荐

韭菜	山药	大枣	薏米	核桃

养护，放大招

莫忘"春捂"

在刚刚过去的严寒冬季，各种保暖措施的完备，使人体的耐寒能力下降。春暖花开，过早地骤减衣物，一旦寒气袭来，会使血管痉挛，血流的阻力增大，影响机体的功能，造成各种疾病，所以"春捂"的习惯要保持，衣服宜渐减，体质虚弱的女性要特别注意背部的防寒保暖。

另外，春天气候变化较大，加之人体皮肤已开始变得疏松，因此，穿衣的要求是：一方面要宽松舒适，另一方面又要柔软保暖，衣服的数量不可一下子减少。

夏季，气温不断升高，在高温的环境中人体的很多功能都会发生变化，特别是体温调节、水盐代谢、消化系统、循环系统、神经系统、内分泌系统，这些变化一旦不能很好地适应环境，人体就会出现各种不适。因此，女性应遵循一定的饮食原则，安然度过炎夏。

饮食宜忌

饮食宜清淡

炎炎夏季，多数人会感到食欲不振，因此食物应尽量以清淡为主，多选择一些能清暑解渴、健脾祛湿、帮助消化吸收的食物。尤其在夏季进行排毒、减肥的女性更应多食清淡食物，少食油腻食物。

忌暴饮暴食

夏季暴饮暴食会加重胃肠负担，使消化液出现供应不足的现象，从而引起消化不良、胃肠饱胀等不适现象，影响人体对食物营养的吸收。

食物推荐

| 西红柿 | 菠菜 | 樱桃 | 西瓜 | 绿豆 |

养护，放大招

睡觉时不宜吹对流风

中医认为，风邪可引起多种疾病，损害健康常在不经意之间。夏日虽热，但下半夜风却很凉。而夏季人体皮肤毛孔开泄，特别是入睡之后，机体抵抗力更加虚弱，极易遭受风邪的侵袭，出现热伤风、面瘫、关节痛、肩周炎、腹泻等疾病，因此，天气再热，纳凉也须有节有度，睡觉时不要吹对流风。

具体而言，选择睡眠位置时，不宜选择过堂风口之处，电风扇不宜强档直接对着吹，更不可只铺一张凉席睡在水泥地上。而应该在睡前用一条毛巾被盖好腹部。如果使用空调，不宜将温度调得过低，以致造成室内外温差过大而引起"空调病"。

中医认为，秋主收，燥为秋之主气。进入秋季，阳气渐收、阴气渐长、空气干燥、景物萧条，这些变化都会给人体带来较大影响。此外，秋季的气温逐渐降低。因此入秋后，应合理安排饮食。

饮食宜忌

宜调理脾胃

入秋后，女性首先应该对脾胃进行调理，宜食用一些既营养又易消化的食物，如鱼肉、猪瘦肉、禽蛋等，以均衡吸收食物营养、护养脾胃功能、预防疾病发生为主要目的。

宜防燥养阴

秋季的燥气不仅损伤人体津液，而且还会耗伤人体正气，饮食不当，易造成气阴两虚，所以，秋季宜选用味甘、性偏寒凉、生津润肺的食物，如梨、苹果、大白菜等新鲜蔬果，以补充人体所需的水分。

食物推荐

| 莲藕 | 海带 | 黄豆 | 香蕉 | 杏仁 |

养护，放大招

拒绝"秋膘"

秋天天气转凉，饮食会不知不觉地过量，使热量的摄入大大增加。气候宜人，让人睡眠充足，汗液减少。另外，为迎接寒冷冬季的到来，人体内还会积极地储存御寒的脂肪，因此，身体摄取的热量多于消耗的热量。在秋天，人们稍不小心，体重就会增加，这对于很多女性来说更是一种威胁，所以，肥胖者秋季更应注意节制。首先应注意饮食的调节，多吃一些低热量的食品，如红豆、萝卜、薏米、海带等。其次，在秋季还应注意提高热量的消耗，有计划地增加活动。

冬季是潜藏的季节，万物蛰伏，动物冬眠。此时，人体的新陈代谢功能是一年中最缓慢的时期。因此，养生中应顺应冬"藏"之势，宜食用一些有助于收敛的食物。

饮食宜忌

饮食宜定时定量

一日三餐要定时定量，不能暴饮暴食。冬季饮食护养宜多选择在冬至日开始，这时如果食补得当，将有助于调和阴阳之气，能化生气血津液，促进脏腑的生理功能。脾胃虚弱的女性应少吃多餐。

宜清淡为主

冬季天气干燥，容易上火，饮食要以清淡为主，因清淡饮食有益于保养身体。有研究发现，长寿者多以粗茶淡饭为主。因此，冬季清淡饮食，合理饮食护养，对延缓衰老、增强抵抗力都有很好的作用。

食物推荐

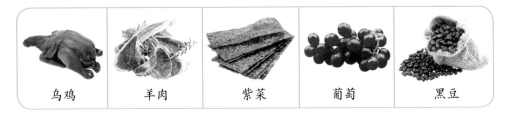

乌鸡	羊肉	紫菜	葡萄	黑豆

养护，放大招

不要拒绝冷空气

一到冬季，由于天气原因，很多人都停止健身。但是，研究表明，冬季的冷空气对人的身体具有一定的保健作用。冷空气对身体的刺激，能够加强体温中枢调节活动，甚至能够有效改善内脏功能。所以，冬季爱美爱健康的女性朋友不要再闷在家里享受暖气片或空调的温暖了，约个朋友，一起去健身房跑步、练各种器械，或者参加动感单车、瑜伽、普拉提斯、有氧舞蹈、有氧健身操课程等项目吧！这样，既不会让我们觉得枯燥无味，又可以锻炼到身体的各个部位，快乐又健康。

变美看体质，选择食物有讲究

体质类型	选择食物要点
平和体质	平和体质的女性总体比较健康，应以保持气血平衡和维持正常的脾胃功能为主。宜食薏米、甘薯、核桃等滋补脾胃的食物
气虚体质	气虚体质的女性元气不足，以疲劳无力、气短、自汗等现象为主要特征。宜少食一些理气破气的食品，如山楂、大蒜、生萝卜等，多食小米、黄豆、花生等食物
阳虚体质	阳虚体质的女性阳气不足，畏寒怕冷。宜食栗子、大枣等补阳温阳食物
阴虚体质	阴虚体质女性阴液亏少。宜多食小米、黑芝麻等补阴清热的食物
痰湿体质	痰湿体质女性痰湿凝聚。宜多食玉米、小米、薏米、赤小豆等食物
湿热体质	湿热体质女性有口苦、口干等症状。宜食薏米、绿豆等甘寒、甘平的食物
血瘀体质	血瘀体质女性血行不畅，应以活血、疏通气血为目的。宜食用黑豆、山楂等活血化瘀的食物
气郁体质	气郁体质女性以气机郁滞为主要特征。宜食用豆制品、小麦、大枣等食物
特禀体质	特禀体质女性以先天失常为主要特征。饮食宜清淡，多食益气固表的食物

食五色食物，变身水嫩润美人

红色食物

　　红色食物健心，能为人体提供丰富的优质蛋白质、维生素、矿物质及微量元素，具有补血益气、促进血液生成、增强人的心脏功能、抗氧化的作用。其中富含的番茄红素，又能起到保护细胞的作用。另外，红色食物的特殊颜色，会给人以视觉冲击，能激发人的食欲，食欲不振的女性宜多吃。

西红柿　　草莓　　樱桃　　苹果　　大枣

绿色食物

　　绿色食物健肝，其中含有丰富的叶绿素和多种维生素，具有排毒、清理肠胃、预防便秘和多种癌症的作用。同时，还是补充钙元素的佳品。

韭菜　　菠菜　　芹菜　　生菜　　小白菜

黄色食物

　　黄色食物健脾，具有补充元气、恢复精力、增强脾胃功能、帮助消化等作用，有助于缓解女性激素分泌减弱的症状，同时对记忆力衰退也有改善作用。

黄豆　　玉米　　香蕉　　南瓜　　柠檬

黑色食物

　　黑色食物健肾，对调节人体生理功能、促进唾液分泌、刺激内分泌系统、促进胃肠消化有很好的作用。另外，它有助于提高与肾、膀胱和骨骼关系密切的新陈代谢和生殖系统功能，对延缓衰老也有一定功效。

黑米　　　　　黑豆　　　　　黑芝麻　　　　　黑木耳

白色食物

　　白色食物健肺，养肺偏重于益气行气。白色食物中含有丰富的蛋白质，具有消除身体疲劳、安定情绪、恢复元气的作用。此外，白色食物中钙的含量也极为丰富，有强健骨骼的功效。可以说强健身体离不开白色食物。

银耳　　　　　杏仁　　　　　牛奶　　　　　豆腐

过好关键期，美丽一生

由于女性生理的特殊性，使得女性在度过人生各个特别阶段时需要特别悉心的调理。尤其在饮食上，一定要对自己的身体状况足够了解，合理饮食，才能保证不同时期的健康。

青春期少女要加强营养

青春期的少女正处于生长发育的旺盛时期，对各种营养的需求量远远高于成年女性，因此，营养问题就显得更为重要了。营养素的功能在于构成躯体、修补机体组织、供给热量、补充消耗、调节生理机能。因此，青春期的少女应注意以下营养素的补充。

蛋白质

蛋白质是人体生长发育的基础，身体细胞的大量增殖，均以蛋白质为原料。青春期的少女对蛋白质的需要量为每千克体重2~4克。

人体内的蛋白质主要由食物供给。蛋类、牛奶、猪瘦肉、鱼类、大豆、玉米等食物均含有丰富的蛋白质，混合食用，可以使各类食物蛋白质互相补充，营养得到充分利用。

矿物质

矿物质是人体生理活动必不可少的营养素。尤其是处于青春期的少女，需要量更大。如钙、磷参与骨骼和神经细胞的形成，若钙摄入不足或钙、磷比例不适当，都会导致骨骼发育不全。因此，要多食含钙食物，如奶制品、豆制品。

另外，青春期少女对铁的需要量也高于成人。铁是血红蛋白的重要成分，如果膳食中缺铁，就会造成缺铁性贫血。由于少女每次月经要损失50~100毫升的血，至少要补充15毫克铁。故而要食用动物肝脏、蛋黄、黑木耳等富含铁质的食物。

微量元素

微量元素虽然在体内含量极少，但对青春期的少女生长发育起着极为重要的作用。特别是锌，我国建议每日膳食锌的摄入量为15毫克。其中含锌丰富的食物有动物肝脏、海产品等，少女可多食。

维生素

人体在生长发育过程中，维生素是必不可少的元素。它不仅可以预防某些疾病，还可以提高机体免疫力。人体所需的维生素大部分来源于蔬菜，如芹菜、豆类等含有丰富的B族维生素，西红柿及绿叶蔬菜含有丰富的维生素C，这些都应该充足供给。

青春期所需的热量比成年人多25%~50%。这是因为处于此时期的少女活动量大，基本需求量多，而且生长发育又需要更多额外的营养素。所以青春期的少女必须保证摄入足够的主食。热量主要来源于碳水化合物，即由各类主食提供。

青年女性应注意营养的均衡

在营养供给上，青年女性由于生长发育的旺盛时期已过，可根据劳动强度划分成极轻、轻、中、重等四种等级来供给热量及营养素。此外，还应根据青年女性不同生理时期如月经期、妊娠期、分娩期等进行营养素的针对性补充，以保证身体所需的营养素充足，从而为女性一生的健康与美丽打下良好的基础。

供给全面充分的营养素

青年女性应多吃些富含蛋白质、脂肪、碳水化合物、维生素、矿物质的食物。没有任何一种动物性或植物性食物能完全满足人体的需要，因此应多种食物混合食用。尤应注意蛋白质的供给，如不能满足生理需要，可能会出现发育障碍或体弱、多病等问题。

应注意不偏食，从谷类、豆类、瘦肉类、蛋类、奶类、新鲜蔬菜和水果中大量摄取各种维生素和人体所需的矿物质，多吃些清淡食物。

保证钙、磷、铁的供应

饮食中若钙和磷供应充分，可保证骨骼正常的生长发育，否则可影响身体各部分的均衡发展。此外，还应注意摄取含铁丰富的食物，以补足月经流失和造血所需要的铁元素。富含钙、磷、铁的食物主要有动物肝脏、奶类、蛋类、虾皮、豆腐、芝麻、菠菜、油菜、芹菜、黑木耳、樱桃等。

中年女性饮食应以低脂高钙为准则

中年女性在家庭和事业取得成绩的同时，应多给自己几分关爱，吃出健康，吃出美丽。中年女性的饮食保健，一定要集中在避免肥胖和补充钙质两方面。中年女性肥胖不但影响美观，而且还是糖尿病、心血管病等慢性非传染性疾病的致病因素。中年女性应随时注意自己的体重，平衡饮食，特别要减少脂肪的摄入，蛋白质和脂肪的摄取应分别占每日总热量的12%～15%及30%以下，以避免肥胖。

另外，骨质疏松是人逐渐衰老而产生的一种生理现象。骨质疏松极易引发骨折等多种疾病。据有关研究表明，健康女性的骨密度值40岁左右达到最高峰，45岁以后逐渐下降，50岁以后下降的速度加快。因此在进入老年之前，中年女性应抓住最后的机会，多食用豆类、乳品等食物，为骨骼建立起坚固的防线。

更年期女性饮食原则

全面原则

要注意各种营养的均衡吸收，不要偏食，少吃甜食和高热量的食物。全面均衡的膳食原则，有利于控制体重，避免发胖或诱发疾病。

清淡原则

过分油腻和口味过重都会对身体健康不利，如饮食过咸会引起高血压和皮肤浮肿，增加心理负担。因此，平时一日三餐应多摄取蔬菜和水果。清淡的饮食不仅可提供人体所需的多种营养素，而且有利于缓解更年期的各种不适症状。

控制原则

不要暴饮暴食，三餐定时，晚餐不要吃得太饱。

粗细结合原则

粗粮易消化吸收，是蛋白质、B族维生素的重要来源。老年人肠胃功能差，应注意粗细合理搭配，以利于人体的消化吸收。

适当补充原则

　　人到一定年龄需适当补充微量元素以起到调节体内激素的作用。更年期女性尤其需要在医生的指导和建议下，补充诸如碘、铜、锌等微量元素。

老年女性应注意膳食结构要合理

以谷物及蔬菜为主

　　老年人的肠胃功能已经衰减，对食物的营养吸收大不如前。肉、鱼、乳、蛋等虽是优质蛋白质的重要来源，但含胆固醇与饱和脂肪酸多，对老年人心血管系统不利。因此，应尽可能多地将蔬菜、水果作为膳食的主要构成。

食物搭配要注意酸碱平衡

　　为了防止老年性疾病，最好节制酸性食物的摄入，需要多吃些碱性食物。新鲜蔬菜、水果和奶类含碱性物质多，粮食、肉类则多偏酸性。荤素搭配，菜粮兼食，有利于保持血液的酸碱平衡并使它趋于弱碱性，对长寿有益。

食用易消化的食物

　　进入老年期后咀嚼消化和吸收功能随着年龄的增加而逐渐减弱。因此，老年人的食物宜偏于细致、清淡、易于咀嚼和消化。老年人抵抗力弱，食用不清洁的食物容易引起腹泻，因此要特别注意烹调卫生。

第三章

滋补又美颜！68种食物，养出女人味

爱美是女人的天性，古人曾言『女为悦己者容』，多是指外在的精心打扮，然而，这是受时间限制的，并不能掩藏住岁月的痕迹，而让女人更自然、更长久、更彻底的美颜瘦身秘诀还是来自于日常的点滴护养。排除毒素、润肤防晒、美白祛斑、乌发亮发、闪亮眼眸、美胸丰胸、瘦身减肥这些构成了女人一生的『爱美』计划，而计划里的『天然食物』是美丽的起点。选择适合自己的天然好食物，让食物养护你的一生。

排毒养颜

黄瓜

热量：16千卡①

黄瓜含有丰富的黄瓜酸，能促进人体的新陈代谢，排出体内毒素。对想要排毒养颜的女性来说是难得的佳品。此外，黄瓜中的维生素C含量较高，能起到保持肌肤弹性、抑制黑色素的作用。

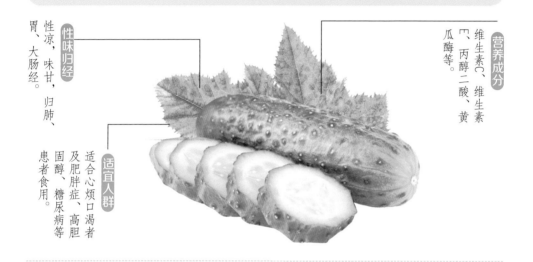

性味归经
性凉，味甘，归肺、胃、大肠经。

营养成分
维生素C、维生素E、丙醇二酸、黄瓜酶等。

适宜人群
适合心烦口渴者及肥胖症、高胆固醇、糖尿病等患者食用。

功效解析

➕ 抗衰老，美容润肤

黄瓜中含有丰富的维生素E，可起到延年益寿、抗衰老的作用；黄瓜中的黄瓜酶有很强的生物活性，能有效促进女性机体的新陈代谢。用黄瓜捣汁涂擦皮肤，有润肤、舒展皱纹的功效。

➕ 减肥，强身健体

黄瓜中所含的丙醇二酸可抑制糖类物质转变为脂肪。此外，黄瓜中的纤维素对促进人体肠道内腐败物质的排除和降低胆固醇有一定的作用，能强身健体。

搭配宜忌

☑ 黄瓜 ＋ 黑木耳

补虚养血，平衡人体营养，有减肥功效。

☑ 黄瓜 ＋ 蒜

降低胆固醇，清热止渴，减肥轻身。

☑ 黄瓜 ＋ 豆腐

清热解毒，消肿利尿，止泻镇痛。

①表中营养成分含量指该食物每100克可食部分的营养成分含量，全书同。

醋拌黄瓜

材料: 黄瓜2根,姜丝适量,甜椒块适量。

调料: 白砂糖2大匙,白醋1小匙,盐适量。

做法:

❶黄瓜用盐揉搓后,立即用水冲洗,并于黄瓜表面划出数道刀痕,再切成约2厘米的段状。

❷将姜丝、甜椒块和所有调料加入做法❶的黄瓜段中浸泡至入味即可。

驻颜面膜
DIY

维C黄瓜收敛面膜

适用肤质: 混合性肤质
操作指数: ★★★★

材料: 维生素C1片,黄瓜半根,橄榄油1小匙。

做法:

❶黄瓜洗净,去皮,放入榨汁机中搅成泥。

❷维生素C片放入研钵中研磨成细粉。

❸将维生素C粉末、橄榄油加入黄瓜泥中,搅拌均匀,调成泥状。

使用方法:

❶洁面后,将本款面膜均匀地涂在脸上,避开眼部及唇部,约15分钟后用清水洗净。

❷每周可使用1~3次。

> **美丽秘语**
> 本面膜中的橄榄油也可换成蜂蜜,以增强嫩肤功效。

绿豆

热量：329千卡

绿豆具有强力解毒功效，是清热祛火、排毒散热的常备食品，常食能帮助女性排除体内毒素，降低胆固醇，促进机体的新陈代谢，对女性预防或改善青春痘、痤疮等都有很好的作用。

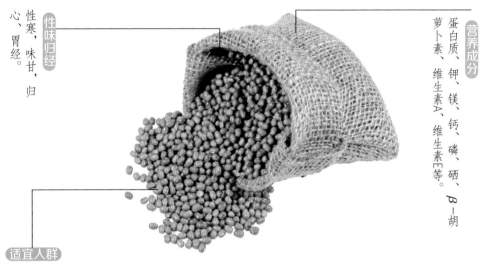

性味归经

性寒，味甘，归心、胃经。

营养成分

蛋白质、钾、镁、钙、磷、硒、β－胡萝卜素、维生素A、维生素E等。

适宜人群

适合高温环境工作的人、有毒环境下工作或接触有毒物质的人、中暑者食用。

功效解析

➕ **缓解痤疮**

绿豆可以作为外用药，如果得了痤疮，可以把绿豆研成细末，煮成糊状，在入睡前洗净患部，涂抹在患处。

➕ **解毒**

绿豆蛋白、单宁和黄酮类化合物可与有机磷农药、汞、砷、铅化合物结合形成沉淀物，使之减少或失去毒性。

➕ **防暑消热**

绿豆是夏令饮食中的上品。盛夏酷暑，女性朋友喝些绿豆粥，既甘凉可口，又防暑消热。

搭配宜忌

☑ 绿豆 ＋ 蒲公英

清热解毒，利尿散结。

☑ 绿豆 ＋ 南瓜

降低血糖，清热解毒。

☑ 绿豆 ＋ 莲藕

疏肝利胆，养心降压。

山药绿豆汤

材料： 山药140克，绿豆100克。

调料： 白砂糖10克。

做法：

❶绿豆用水浸泡至膨胀，沥干水分后放入锅中，加入清水，以大火煮沸，再转小火续煮40分钟，至绿豆完全软烂，加入白砂糖搅拌至溶化后熄火。

❷山药去皮，洗净，切小丁。

❸另外准备一锅水烧沸，放入山药丁煮熟后捞起，放入绿豆汤中混合均匀即可。

驻颜面膜 DIY

绿豆养乐多祛痘面膜

适用肤质：任何肤质

操作指数：★★★★★

材料： 绿豆粉3小匙，养乐多1瓶，盐1小匙。

做法： 将绿豆粉、养乐多、盐一同放入面膜碗中，搅拌均匀呈泥状即可。

使用方法：

❶洗净脸后，将调好的面膜均匀地敷在脸上，避开眼、唇部皮肤，同时用指腹由内向外打圈，全脸按摩5~8分钟即可，最后用清水洗净。

❷每周可使用1~2次。

美丽秘语

做面膜的时候若适当按摩脸部皮肤，可刺激皮肤的血液循环，收缩毛孔，使皮肤平滑细腻。

苦瓜

热量：22千卡

《本草纲目》中写到，苦瓜能"除邪热，解劳乏，清心明目"。苦瓜具有解毒排毒、养颜美容、促进新陈代谢的功效。另外，苦瓜含有丰富的维生素B₁、维生素C及矿物质，对治疗青春痘也有很大益处。

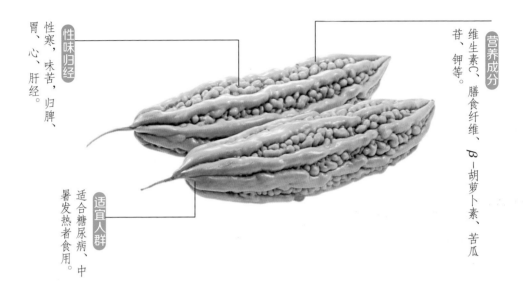

性味归经
性寒，味苦，归脾、胃、心、肝经。

营养成分
维生素C、膳食纤维、β-胡萝卜素、苦瓜苷、钾等。

适宜人群
适合糖尿病、中暑发热者食用。

功效解析

➕ **增进食欲**

苦瓜中的苦瓜苷和苦味素能增进食欲，健脾开胃。

➕ **降低血糖**

苦瓜含有苦瓜苷和类似胰岛素的物质，具有良好的降血糖作用，是女性糖尿病患者的理想食品。

➕ **预防坏血病，保护心脏**

苦瓜的维生素C含量很高，具有预防坏血病、保护细胞膜、预防动脉粥样硬化、提高女性机体应激能力、保护心脏等作用。

搭配宜忌

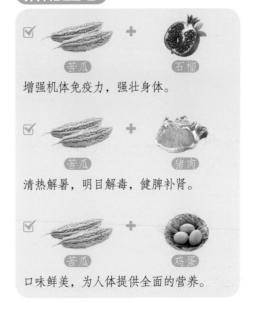

☑ 苦瓜 ＋ 石榴

增强机体免疫力，强壮身体。

☑ 苦瓜 ＋ 猪肉

清热解暑，明目解毒，健脾补肾。

☑ 苦瓜 ＋ 鸡蛋

口味鲜美，为人体提供全面的营养。

海带苦瓜瘦肉汤

材料：苦瓜500克，海带100克，猪瘦肉250克。

调料：盐、味精各少许。

做法：

❶将苦瓜洗净，切成两半，去瓤，切块；海带浸泡1小时，洗净，切丝；猪瘦肉洗净，切成小块，备用。

❷把苦瓜块、海带丝、猪瘦肉块依次放入砂锅中，加适量清水，煲至猪瘦肉熟烂。

❸调入盐、味精即可。

驻颜面膜
DIY

苦瓜蜜蛋祛斑面膜

适用肤质：干性肤质

操作指数：★★★★★

材料：苦瓜半根，鸡蛋1枚，蜂蜜1大匙。

做法：

❶苦瓜洗净、去籽，放入榨汁机中榨汁。

❷在苦瓜汁中加入蛋黄、蜂蜜混合均匀。

使用方法：

❶洗净脸后，将面膜纸放入做好的面膜中，充分吸收后，敷在脸上，避开眼、唇部皮肤，约15分钟后用清水洗净即可。

❷每周可使用1~2次。

> **美丽秘语**
>
> 由于鸡蛋腥味较重，所以建议选用新鲜的鸡蛋或有机鸡蛋。

黑木耳

热量：265千卡

黑木耳色泽黑褐，质地柔软，味道鲜美，营养丰富，可素可荤，有养血驻颜、祛病延年的功效。现代营养学家盛赞黑木耳为"素中之荤"，其营养价值可与动物性食物相媲美。

性味归经
性平，味甘，归胃、大肠经。

营养成分
蛋白质、维生素K、维生素A、维生素E、膳食纤维、钾、磷、镁、锌、锰、铁、钙、胶质等。

适宜人群
适合脑血栓、冠心病患者以及矿山、冶金、纺织、理发工人等食用。

功效解析

⊕ 美容养颜

黑木耳中铁的含量极为丰富，常吃黑木耳能帮助女性养血驻颜，令女性肌肤红润，容光焕发。

⊕ 清胃涤肠

黑木耳中的胶质可吸附残留在女性胃肠道的灰尘、杂质，能够清胃涤肠，预防便秘。

⊕ 预防和化解结石

黑木耳对胆结石、肾结石等内源性异物也有比较显著的化解功能；此外，对无意中吃下的难以消化的头发、木屑、沙粒等异物，黑木耳有溶解作用。

搭配宜忌

☑ 黑木耳 ＋ 鲫鱼

润肤养颜，抗衰老，适合减肥者食用。

☑ 黑木耳 ＋ 豆腐

益气，养胃润肺，凉血止血，润燥。

☒ 黑木耳 ＋ 茶

降低人体对铁的吸收。

滋补食谱

木耳炒鸡蛋

材料： 干黑木耳10朵，鸡蛋2个，红椒粒、青椒粒、葱末各适量。

调料： 盐3克，胡椒粉少许，料酒少许，生抽1小匙。

做法：

❶ 将黑木耳冷水泡发，洗净，撕块；鸡蛋打散，加料酒、胡椒粉调味。

❷ 油锅烧热，炒香葱末，放入鸡蛋液，翻炒摊熟。

❸ 撒入葱末炒香，加入黑木耳块炒匀。烹入生抽炒匀，盖上锅盖小火焖半分钟。

❹ 开盖加青、红椒粒和盐翻炒均匀即可出锅。

食疗保健妙方

双黑茶

材料： 黑木耳、黑芝麻各60克。

做法及用法： 将黑木耳和黑芝麻焙干研细末，各分2份。一份炒熟，一份生用，然后生熟混合。每日1～2次，每次取生熟混合之药15克，以沸水冲泡，闷15分钟，代茶频饮。

功效： 可有效缓解女性内痔。

甘薯

热量：102千卡

甘薯含有丰富的具有抗氧化作用的β-胡萝卜素、维生素C及维生素E，另外还含有大量膳食纤维，能促进肠道蠕动、排宿便。同时甘薯还有降低胆固醇的功效。所以甘薯堪称排毒效果最佳的食物之一。

性味归经
性平，味甘，归肺、脾、肾经。

营养成分
糖类、蛋白质、纤维素、赖氨酸等。

适宜人群
适宜便秘者、心血管疾病患者食用。

功效解析

➕ 减肥，健美

女性吃甘薯不仅不会发胖，相反还能够减肥、健美、防止亚健康、通便排毒。每100克鲜甘薯仅含0.2克脂肪，产生102千卡热量，为大米的1/3，能有效地阻止糖类变为脂肪，有利于女性减肥、健美。

➕ 防癌

甘薯中赖氨酸的含量比大米、白面要高得多，还含有十分丰富的β-胡萝卜素，可促使女性上皮细胞正常成熟，抑制上皮细胞异常分化，消除有致癌作用的氧自由基，增强女性抵抗力。

搭配宜忌

☒ 甘薯 ➕ 南瓜
易导致肠胃气胀、腹痛、吐酸水等。

☒ 甘薯 ➕ 西红柿
二者同食，易导致腹痛、腹泻。

☒ 甘薯 ➕ 柿子
不宜同食，易引起胃胀、呕吐等症状。

34

香甜翅根

材料：甘薯块150克，翅根4个，姜片、葱末各5克。

调料：盐、白砂糖、生抽、胡椒粉、料酒、老抽各适量。

做法：

❶翅根放入沸水中汆烫一下，捞出沥干。

❷油锅烧热，煸香姜片，放入翅根煎至两面变色，加入料酒、老抽和适量水，大火烧沸后，用小火烧半小时。放入甘薯块继续煮，待甘薯块烂熟后，加胡椒粉、生抽、盐和白砂糖，撒上葱末拌匀即可。

驻颜面膜 DIY

甘薯牛奶淡斑面膜

适用肤质：干性肤质
操作指数：★★★★

材料：牛奶半杯，甘薯2个，鸡蛋1枚。

做法：

❶甘薯洗净，去皮，煮熟后研磨成泥放入面膜碗中。

❷用过滤勺分离蛋清与蛋黄，取蛋黄和甘薯泥混合。

❸加入牛奶，将甘薯、蛋黄、牛奶搅拌成糊状。

使用方法：

❶洗净脸后，将面膜均匀地涂抹在脸上，避开眼、唇部，约15分钟后用温水洗净。

❷每周使用2～3次。

美丽秘语

买甘薯时应避免选择发芽或长黑斑者，因为这样的甘薯有毒，不能用于面膜，否则会损害皮肤。

芦荟

热量：47千卡

芦荟中含有天然保湿因素，能补充水分，防止面部皱纹，使女性保持皮肤柔润、光滑、富有弹性。另外，芦荟中的某些成分可防止因日晒引起的红肿、灼热感，保护皮肤免遭灼伤，能够有效排毒养颜。

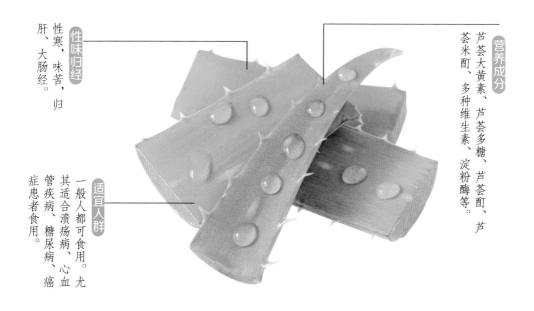

性味归经

性寒，味苦，归肝、大肠经。

营养成分

芦荟大黄素、芦荟多糖、芦荟酊、芦荟米酊、多种维生素、淀粉酶等。

适宜人群

一般人都可食用。尤其适合溃疡病、心血管疾病、糖尿病、癌症患者食用。

功效解析

➕ 抗衰老

芦荟中的黏液素可以使得女性皮肤组织富有弹性，防止细胞老化和治疗慢性过敏。另外，黏液素还能够强壮女性身体。

➕ 消炎杀菌

女性脸上长痘痘可以用芦荟敷脸，连续几天即可消除脸上的痘痘。

➕ 控油

芦荟可平衡油脂分泌，有效舒缓肌肤。属于油性皮肤的女性用芦荟敷脸，能够改善油脂分泌旺盛的情况。

搭配宜忌

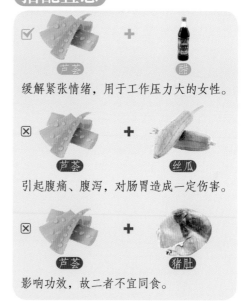

✓ 芦荟 ＋ 醋

缓解紧张情绪，用于工作压力大的女性。

✗ 芦荟 ＋ 丝瓜

引起腹痛、腹泻，对肠胃造成一定伤害。

✗ 芦荟 ＋ 猪肚

影响功效，故二者不宜同食。

洋葱拌芦荟

材料：芦荟260克，洋葱1个，青椒、红椒各1个。

调料：盐、白砂糖、味精、香油各适量。

做法：

❶将芦荟削去外皮，洗净切丝；洋葱去皮洗净，切成丝；青椒、红椒去籽洗净，切成丝。

❷将芦荟丝、洋葱丝、青椒丝、红椒丝盛入盘中，加入所有调料拌匀即可。

驻颜面膜
DIY

芦荟牛奶蜂蜜面膜

适用肤质：干性肤质
操作指数：★★★★

材料：牛奶20毫升，芦荟汁适量，蜂蜜少许。

做法：在面膜碗中放入全部的材料，混合均匀，然后将面膜纸泡进此溶液中。

使用方法：

❶洗净脸后，将调好的面膜纸均匀地敷在脸上，10～15分钟后揭去面膜纸，用清水洗净即可。

❷每周可使用1～2次。

美丽秘语

牛奶具有美白肌肤的作用，芦荟可以改善青春痘，二者合用，既美白祛痘，又经济实惠。

润肤防晒

芒果

热量：35千卡

芒果富含大量的维生素，其含量较其他水果都要高出许多，具有活化肌肤细胞的作用。经常食用，可滋润肌肤。

性味归经

性凉，味甘、酸，归胃经。

营养成分

β－胡萝卜素、维生素C、维生素A、维生素E、钾、镁、膳食纤维、芒果苷等。

适宜人群

适合便秘、高血压、动脉粥样硬化患者食用。

功效解析

⊕ 延缓衰老

芒果含有一种芒果苷的物质，有明显的抗脂质过氧化和保护脑神经元的作用，能延缓女性细胞衰老，提高脑功能。

⊕ 减肥

肥胖多是"湿""痰""水滞"所致，芒果可化痰，健脾胃，利水道，是女性减肥轻身之果品。

⊕ 止晕

芒果能够缓解晕船症状，效用与酸话梅一样。不习惯坐船的女性不妨将芒果当"药"。为防止晕船呕吐，可取芒果嚼食或取芒果煎水饮。

搭配宜忌

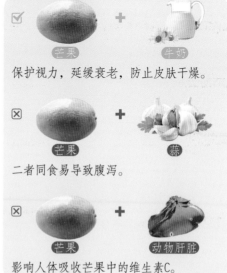

☑ 芒果 + 牛奶

保护视力，延缓衰老，防止皮肤干燥。

☒ 芒果 + 蒜

二者同食易导致腹泻。

☒ 芒果 + 动物肝脏

影响人体吸收芒果中的维生素C。

话梅芒果冰粥

材料： 大米100克，话梅、猕猴桃各50克，芒果150克。

调料： 冰糖50克。

做法：

❶将大米用清水浸泡半小时；猕猴桃和芒果去皮，切小块。

❷锅中加入话梅、适量清水煮开。

❸倒入沥干水分的大米，再次大火煮开后，转小火慢煮，直至黏稠。

❹关火后放入冰糖，搅拌至溶化。

❺将粥在室温放凉后，再放入冰箱冷藏半小时，然后放入猕猴桃块和芒果块拌匀即可。

牛奶芒果清洁面膜

适用肤质： 任何肤质

操作指数： ★★★★

材料： 芒果1个，牛奶半杯。

做法：

❶将芒果去皮，去核，放入榨汁机中打成泥状。

❷将芒果泥与牛奶放入面膜碗中搅拌均匀即可。

使用方法：

❶洁面后，将本款面膜均匀地涂抹在整个脸部，避开双眼、唇部，约15分钟后洗净。

❷每周使用1~2次。

> **美丽秘语**
>
> 制作此面膜时，干性皮肤可使用滋润性较好的全脂牛奶；油性皮肤宜以清透为主，可选用脱脂牛奶，以中和肤质，使皮肤达到最佳状态。

哈密瓜

热量：34千卡

哈密瓜含有丰富的抗氧化剂，能够有效增强细胞的防晒能力，对预防炎炎夏日紫外线的侵袭，减少皮肤黑色素的形成作用显著。爱美的女性夏日防晒，哈密瓜是不错的选择。

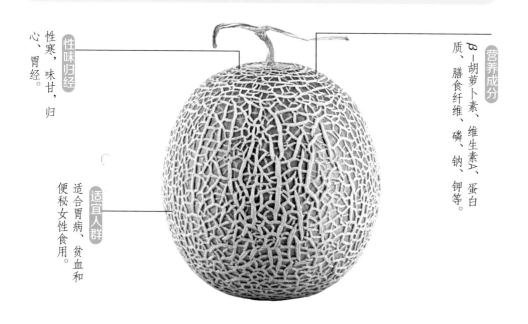

性味归经
性寒，味甘，归心、胃经。

营养成分
β－胡萝卜素、维生素A、蛋白质、膳食纤维、磷、钠、钾等。

适宜人群
适合胃病、贫血和便秘女性食用。

功效解析

➕ 缓解发烧、中暑

哈密瓜可缓解女性发烧、中暑、口渴、尿路感染、口鼻生疮等症状。

➕ 消除疲劳，去除口臭

如果女性常感到身心疲倦、心神焦躁不安或是口臭，食用哈密瓜可使这些症状有所改善。

➕ 提高造血功能

食用哈密瓜对女性造血功能有显著的促进作用，可以用来作为贫血女性的食疗之品。

搭配宜忌

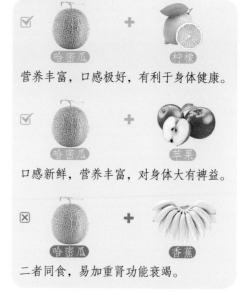

☑ 哈密瓜 ＋ 柠檬

营养丰富，口感极好，有利于身体健康。

☑ 哈密瓜 ＋ 苹果

口感新鲜，营养丰富，对身体大有裨益。

☒ 哈密瓜 ＋ 香蕉

二者同食，易加重肾功能衰竭。

滋补食谱

哈密瓜牛肉煲

材料：哈密瓜1个，牛排200克，大枣适量。

调料：盐适量。

做法：

❶哈密瓜去皮，去瓤，切小块；腩排洗净，切小块；大枣洗净，去核。

❷牛排块、大枣分别放入沸水中余烫一下，捞出洗净，沥干。

❸哈密瓜、大枣放入煲锅中，蒸煮出香味。倒入牛排块，大火煮沸，转中火煲1小时。加盐调味即可。

食疗保健妙方

哈密瓜柠檬蜜汁

材料：哈密瓜半个，柠檬汁、蜂蜜各适量，碎冰少许。

做法及用法：先将哈密瓜削皮，切成块状，然后放入榨汁机内，加入碎冰打成汁，倒入杯中，加柠檬汁、蜂蜜调匀即可饮用。

功效：此汁有利于肝脏以及肠道系统的活动，能促进内分泌和造血功能，润肤美容。

松子

热量：718千卡

松子作为女性爱吃的干果之一，富含的脂肪油和维生素E使其有很好的润肤作用。尤其是在怀孕期间，孕妈妈会出现皮肤变差的情况，食用一些松子会对肌肤起到很好的滋养作用。

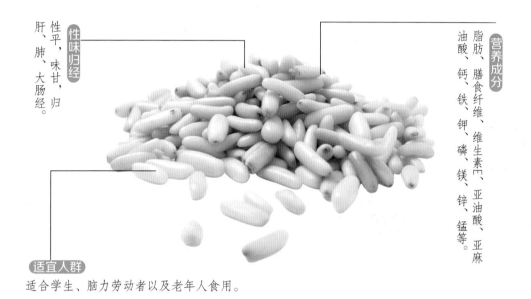

性味归经
性平，味甘，归肝、肺、大肠经。

营养成分
脂肪、膳食纤维、维生素E、亚油酸、亚麻油酸、钙、铁、钾、磷、镁、锌、锰等。

适宜人群
适合学生、脑力劳动者以及老年人食用。

功效解析

➕ **健脑，预防老年痴呆**

松子含有大量的谷氨酸，有很好的健脑作用，可增强女性记忆力。松子中磷和锰的含量也非常丰富，这对大脑和神经都有很好的补益作用，是学生和脑力劳动者的健脑佳品，对老年痴呆也有很好的预防作用。

➕ **软化血管，延缓衰老，润肤美容**

松子中的维生素E有很好的软化血管、延缓衰老的作用，是中老年女性的理想保健食品，也是女士们润肤美容的理想食物。

搭配宜忌

☑ 松子 ＋ 大枣
提高细胞的生长速度，养颜，益寿。

☑ 松子 ＋ 鸡肉
预防心脏病，对身体健康大为有益。

☑ 松子 ＋ 兔肉
有美容养颜、益智醒脑之功效。

松子桂圆粥

材料： 糯米100克，松子仁25克，核桃仁、桂圆各15克。

调料： 蜂蜜适量。

做法：

❶ 糯米淘洗干净，入清水中浸泡约3小时。

❷ 将桂圆、核桃仁和松子仁放入碗中，加少量水上蒸锅隔水蒸约50分钟，与汁水一起取出。

❸ 将糯米放入水锅中，大火煮沸后，转用小火熬煮35分钟至成稀粥，将蒸好的桂圆干、核桃仁、松子仁连汁倒入锅内，再次煮沸后，加蜂蜜调味即可。

柿干松子茶

材料： 柿干5片，松子适量。

做法及用法： 将柿干切块，加水刚好盖过柿干后，大火煮滚，再放入松子并转为中火，焖煮约3分钟，喝汤即可。

功效： 对于心血管疾病、美容、抗老化等都有助益。

美白祛斑

薏米

热量：361千卡

薏米中含有的蛋白质、维生素B_1、维生素B_2等元素，具有使皮肤光滑、消除色素斑的功效，长期食用，既祛斑又美白。此外，薏米对于女性消除粉刺、妊娠斑、老年斑也有较好的效果。

性味归经

性平，味甘、淡，归脾、胃、肺经。

营养成分

蛋白质、碳水化合物、氨基酸、维生素E、钾、磷、镁、钙、硒等。

适宜人群

适合肥胖所引起的高血压、冠心病患者以及贫血患者食用。

功效解析

➕ 清热解毒，利尿化湿

薏米是利水渗湿的药材，能够健脾清热，利尿化湿。现代研究表明，薏米有调整免疫功能、抗过敏、抗癌、镇静、镇痛、降血脂、抑制肌肉收缩等功效，是女性常用的美容圣品。

➕ 减少皱纹，改善皮肤粗糙

薏米能够有效减少皱纹，消除色素斑点，使女性肌肤变得光滑。特别是对面部粉刺及皮肤粗糙的女性而言，有着非常明显的疗效。

搭配宜忌

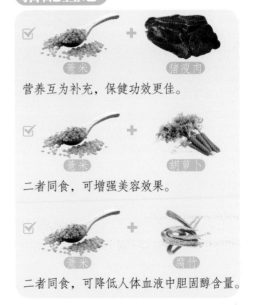

✓ 薏米 ＋ 猪瘦肉

营养互为补充，保健功效更佳。

✓ 薏米 ＋ 胡萝卜

二者同食，可增强美容效果。

✓ 薏米 ＋ 腐竹

二者同食，可降低人体血液中胆固醇含量。

山药薏米排骨汤

材料： 猪小排300克，薏米100克，山药200克，葱2段，姜2片。

调料： 盐少许。

做法：

❶薏米提前浸泡10小时以上；山药去皮洗净，切成滚刀块；排骨斩成5厘米长的段。

❷大火烧开锅中的水，放入排骨氽烫3分钟，捞出排骨。

❸锅内重新加入足量开水，放入泡好的薏米、排骨段、山药块、葱段、姜片，大火烧开后，转小火煲煮60分钟。出锅前加盐调味即可。

驻颜面膜
DIY

甘草薏米抗斑美白面膜

适用肤质： 任何肤质
操作指数： ★★★★

材料： 薏米粉、甘草粉各1小匙，鲜牛奶3小匙。

做法：

❶将牛奶倒入面膜碗中。

❷加入甘草、薏米粉，搅拌均匀至糊状即可。

使用方法：

❶洁面后，将本款面膜均匀地涂于脸部，避开眼、唇部，约15分钟后用温水冲洗干净即可。

❷每周可使用1次。

> **美丽秘语**
>
> 薏米粉和甘草粉均具有一定的美白作用，有利于补充皮肤表皮层的含水量，并能加快皮肤的新陈代谢速度，使肤色白净透亮。

燕麦

热量：377千卡

燕麦含有大量的抗氧化成分，能有效地抑制黑色素形成过程中氧化还原反应的进行，从而减少黑色素的形成，淡化色斑，保持白皙靓丽的皮肤。肌肤暗沉、有色斑的女性可常吃一些燕麦。

性味归经
性平，味甘，归肝、脾、胃经。

营养成分
B族维生素、膳食纤维、钙、磷、铁、锰、铜、锌等。

适宜人群
适合高血压、心脏病、动脉粥样硬化、食欲不振、身体浮肿等症患者食用。

功效解析

➕ 预防骨质疏松

燕麦含有大量的钙、磷、铁、锌等矿物质，可以改善血液循环，缓解生活、工作带来的压力；有预防骨质疏松、促进伤口愈合、防止贫血的功效，是女性常用的补钙佳品。

➕ 增强体力，延年益寿

燕麦中含有极其丰富的亚油酸，对脂肪肝、糖尿病、浮肿、便秘等也有辅助疗效，对老年女性增强体力、延年益寿大有裨益。

搭配宜忌

☑ 燕麦 ＋ 百合

煮燕麦时加入百合，口感更好。

☑ 燕麦 ＋ 香蕉

提高血清素含量，有效改善睡眠。

☑ 燕麦 ＋ 大枣

口感香香甜甜，发挥其补血养血功效。

燕麦枸杞粥

材料：燕麦片100克，胡萝卜30克，银耳20克，花生仁10克，枸杞子5克。

调料：白砂糖少许。

做法：

❶银耳泡发，洗净，撕小朵；胡萝卜洗净，切丁；花生仁、枸杞子分别洗净；备用。

❷锅置火上，加入适量清水，然后放入银耳、胡萝卜丁，大火煮沸，再放入燕麦片，续煮30分钟。

❸加入枸杞子、花生仁煮10分钟，最后在粥内拌入白砂糖即可。

驻颜面膜 DIY

蜂蜜蛋麦面膜

适用肤质：油性肤质、混合性肤质

操作指数：★★★★★

材料：燕麦片、蜂蜜各1大匙，鸡蛋2枚。

做法：

❶鸡蛋去壳，用过滤勺分离蛋清与蛋黄，蛋清留用。

❷将燕麦片、蜂蜜与蛋清放入玻璃器皿中，搅拌均匀即可。

使用方法：

❶洗净脸后，将面膜均匀地涂抹在脸上，避开眼、唇部皮肤，20分钟后用温水洗净即可。

❷每周可使用1～2次。

美丽秘语

使用本面膜时，可用手指指腹轻轻打圈按摩，以去除角质，提升肤色。

西红柿

热量：20千卡

西红柿是女性最佳的美容护肤食物之一，其所含的β-胡萝卜素、维生素A和维生素C，对祛除雀斑、美容护肤有很好的功效。长有雀斑的女性，赶快选择西红柿来增加自信吧！

性味归经
性微寒，味甘、酸，归心、肺、胃经。

营养成分
β-胡萝卜素、维生素A、维生素C、番茄红素、钾、果胶等。

适宜人群
适合体弱血虚、营养不良、高血压、肝炎患者食用。

功效解析

➕ **帮助消化，润肠通便**

西红柿富含苹果酸、柠檬酸等有机酸，能促使胃液分泌，增加胃酸浓度，调整胃肠功能，有帮助消化、润肠通便的作用。

➕ **清热消渴**

西红柿有清热生津、养阴凉血的功效，对发热烦渴、口干舌燥、胃热口苦、虚火上升的女性有较好的辅助治疗效果。

➕ **延缓衰老**

西红柿所含的谷胱甘肽可清除体内有毒物质，恢复机体器官正常功能，延缓女性衰老。

搭配宜忌

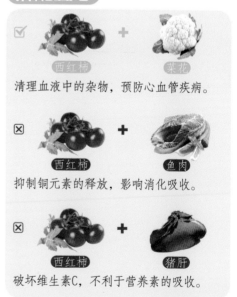

西红柿 ＋ 菜花
清理血液中的杂物，预防心血管疾病。

西红柿 ＋ 鱼肉
抑制铜元素的释放，影响消化吸收。

西红柿 ＋ 猪肝
破坏维生素C，不利于营养素的吸收。

香酥西红柿

材料： 西红柿250克，鸡蛋1枚，葱末5克。

调料： 老抽2小匙，香油、淀粉、面粉各1大匙，熟芝麻面、黑胡椒粉各1小匙，盐少许。

做法：

❶将西红柿洗净，备好其他食材。

❷将鸡蛋液、面粉、淀粉拌匀成面糊，加熟芝麻面、老抽、黑胡椒粉、葱末、香油、盐，拌匀。

❸西红柿切成2厘米厚的片，放入面糊中，裹上面糊，然后逐片放入热油锅炸至微黄色，捞出即成。

驻颜面膜 DIY

草莓西红柿补水面膜

适用肤质：任何肤质

操作指数：★★★★★

材料： 西红柿1个，草莓2个。

做法：

❶西红柿洗净，去皮，切块。

❷草莓去蒂，洗净，对半切开。

❸将洗好的西红柿块、草莓放入榨汁机中一起搅拌均匀成糊状。

使用方法：

❶洗净脸后，将调好的面膜均匀地敷在脸上，避开眼、唇部皮肤，10～15分钟后用清水洗净即可。

❷每周可使用1～2次。

> **美丽秘语**
>
> 西红柿、草莓不仅可以做成面膜，榨成汁喝也是不错的饮品。

冬瓜

热量：12千卡

《本草纲目》中提到用冬瓜瓤"洗面，澡身"，可以起到祛黑斑，令肌肤白皙的作用。且冬瓜中含有蛋白质、多种维生素及矿物质，对护肤美白有不可忽视的作用。

性味归经

性凉，味甘、淡，归肺、大肠、膀胱经。

适宜人群

适合水肿、脚气病、冠心病、癌症、糖尿病、高血压患者食用。

营养成分

蛋白质、β-胡萝卜素、维生素C、葫芦巴碱、丙醇二酸、钾、钙、鸟氨酸、天冬氨酸等。

功效解析

✚ 利尿减肥

冬瓜中富含鸟氨酸、γ-氨基丁酸、天冬氨酸、谷氨酸和精氨酸，它们是人体解除游离氨毒害的不可缺少的氨基酸，是冬瓜利尿减肥功效的物质基础。

✚ 塑形，健美

冬瓜中所含的丙醇二酸能有效地抑制糖类转化为脂肪，加之冬瓜本身不含脂肪，热量不高，对于预防人体虚胖具有重要意义，有助于女性体形健美。

✚ 使皮肤润泽光滑

冬瓜籽所含的蛋白质、油酸和瓜氨酸既可润泽皮肤，又能抑制黑色素的形成。

搭配宜忌

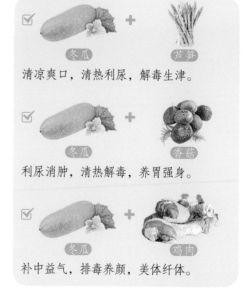

☑ 冬瓜 ＋ 芦笋

清凉爽口，清热利尿，解毒生津。

☑ 冬瓜 ＋ 香菇

利尿消肿，清热解毒，养胃强身。

☑ 冬瓜 ＋ 鸡肉

补中益气，排毒养颜，美体纤体。

原盅炖冬瓜

材料： 冬瓜1个，鸡腿肉150克，火腿、蟹肉各50克，姜、香菜末各适量。

调料： 盐2大匙。

做法：

❶鸡腿肉、火腿均切小块，与蟹肉分别放入沸水中氽烫约3分钟捞出，以开水冲净，备用。

❷冬瓜做成盅状，洗净。内面均匀抹上盐。腌约3分钟，再以开水冲净。

❸除香菜末外所有材料放入冬瓜盅，加入热水。移入蒸锅中隔水蒸炖90分钟，撒上香菜末即可盛出。

驻颜面膜 DIY

山药冬瓜润肤面膜

适用肤质： 干性肤质、中性肤质

操作指数： ★★★★

材料： 山药9克，冬瓜20克。

做法：

❶将山药磨成细粉；冬瓜去皮后（不去籽）切小块，放入榨汁机中打成泥状。

❷将山药粉加入冬瓜泥中搅拌均匀。

使用方法：

❶充分洁面后，将调好的面膜均匀地敷在脸部及颈部，避开发际、眉毛、眼眶、唇部皮肤，待20~30分钟后用温水洗干净即可。

❷每周可使用2次。

美丽秘语

市场中存在许多漂白过的干山药产品，购买时应注意。

银耳

热量：261千卡

银耳富含天然植物性胶质，长期食用可以润肤，并有美白祛斑的功效。女性常食可淡化脸部雀斑。

性味归经
性平，味甘，归肺、胃、肾经。

营养成分
蛋白质、碳水化合物、膳食纤维、烟酸、β—胡萝卜素、钾、磷、铁、锌等。

适宜人群
适合阴虚火旺、体质虚弱、大便干结者和月经不调的女性以及青少年食用。

功效解析

➕ **润肤，祛除脸部雀斑**

银耳富含天然植物性胶质，加上它的滋阴作用，长期食用可以润肤，并有祛除女性脸部黄褐斑、雀斑的功效。

➕ **减肥**

银耳中的膳食纤维有助于胃肠蠕动，减少脂肪吸收，从而帮助女性达到减肥的效果。

➕ **增强免疫力**

银耳中的有效成分酸性多糖类物质，具有提高人体免疫力、刺激淋巴细胞、加强白细胞吞噬能力、增强骨髓造血功能的作用。

搭配宜忌

银耳 ＋ 樱桃
调中益气，健脾和胃，滋阴养颜。

银耳 ＋ 鱿鱼
抗衰老，调节血压，保护神经纤维。

银耳 ＋ 莲子
滋阴清热，祛斑，解毒，养心安神。

银耳炖乳鸽

材料：乳鸽1只，银耳30克，南杏、北杏各20克，姜1片。

调料：料酒1大匙，盐适量。

做法：

❶乳鸽洗净，对半切开，放入沸水中汆烫约3分钟，捞出沥干，备用。

❷银耳洗净，泡水20分钟，去蒂；南杏、北杏泡水，洗净。

❸煲锅中倒入800毫升热水，加入所有材料及调料，移入蒸锅中隔水蒸炖90分钟即可。

驻颜面膜 DIY

银耳牛奶润白面膜

适用肤质：任何肤质，尤其适合敏感性肤质

操作指数：★★★★★

材料：银耳（干品）10克，牛奶、甘油各3大匙。

做法：

❶将银耳放入研钵中研成细末。

❷将牛奶、甘油加入银耳末中，一起搅拌均匀即可。

使用方法：

❶洗净脸后，将调好的面膜均匀地涂敷在脸上，避开眼、唇部皮肤，10～15分钟后用清水洗净。

❷每周可使用1～2次。

> **美丽秘语**
>
> 购买银耳时，以呈乳白色或米黄色、略有光泽、朵形圆整、肉肥厚、无杂质、略有清香味者为佳。

樱桃

热量：46千卡

樱桃含铁量居水果之首，有美容养颜的功效。常用樱桃汁涂擦面部及皱纹处，可祛皱消斑，使面部皮肤红润嫩白。

性味归经
性温，味甘、微酸，归脾、胃、肾经。

适宜人群
一般人均可食用。尤其适合消化不良、风湿腰腿痛、体质虚弱、面色无华、贫血者食用。

营养成分
碳水化合物、膳食纤维、β-胡萝卜素、维生素A、维生素B₁、维生素B₂、维生素C、维生素E及钾、磷、镁、钙、钠等。

功效解析

➕ 美白皮肤，祛除皱纹

樱桃含铁量高，常用樱桃汁涂擦面部及皱纹处，可祛皱消斑。

➕ 缓解轻度烧伤、冻伤

樱桃可以缓解烧烫伤，具有收敛止痛、防止伤处起疱化脓的作用。同时，樱桃还能缓解轻、重度冻伤。

➕ 消炎，理气止痛

科学研究发现，吃20颗樱桃比吃阿司匹林更有效。这是因为其可以改善贫血、疝气、甲状腺肿大、冻疮、汗斑以及风湿腰腿病等病症。

搭配宜忌

☑ 樱桃 ＋ 葱

发汗祛风，益气透疹，辅助治疗麻疹。

☑ 樱桃 ＋ 白酒

促进食欲，祛湿止痛，可缓解食欲不振。

☒ 樱桃 ＋ 黄瓜

降低营养价值，二者不宜同食。

滋补食谱

樱桃鹌鹑蛋汤

材料：樱桃4个，鹌鹑蛋8枚，
桂圆50克。

调料：盐1小匙。

做法：

❶鹌鹑蛋煮熟，去壳，备用。

❷锅烧热加入清水，放入鹌鹑蛋、桂圆、盐煮
透，点缀上樱桃即可。

食疗保健妙方

樱桃酱

材料：樱桃1 000克，白砂糖、柠檬汁各适量。

做法及用法：樱桃洗净，去籽；将果肉和白砂糖一起放入锅内，上大火将其煮沸后
转中火煮，撇去浮沫涩汁，再煮；煮至黏稠状时，加入柠檬汁，略煮一下，离火，
放凉即成。

功效：调中益气，生津止渴。

柠檬

热量：37千卡

柠檬是美容的天然佳品，其维生素C含量极为丰富，对预防和消除皮肤色素暗沉有很好的作用，女性常食能使肤色白皙、透亮。

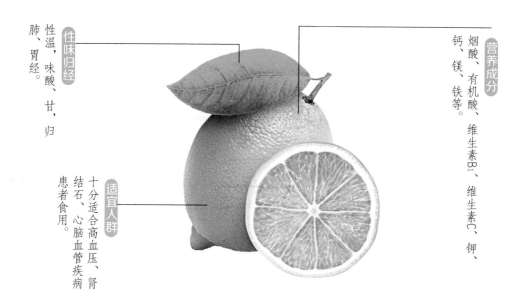

性味归经
性温，味酸、甘，归肺、胃经。

营养成分
烟酸、有机酸、维生素B₁、维生素C、钾、钙、镁、铁等。

适宜人群
十分适合高血压、肾结石、心脑血管疾病患者食用。

功效解析

➕ 助消化
柠檬富有香气，能祛除肉类、水产的腥膻之气，并能使其肉质更加细嫩，还能促进胃中蛋白分解酶的分泌，增加胃肠蠕动，助消化。

➕ 预防肾结石
柠檬汁中含有大量柠檬酸盐，能够抑制钙盐结晶，从而阻止肾结石的形成，甚至已形成的结石也可被溶解掉。

➕ 消除疲劳，振奋精神
柠檬富有香气，女性疲劳时喝一杯柠檬汁，能让人精神振奋，还可促进食欲。

搭配宜忌

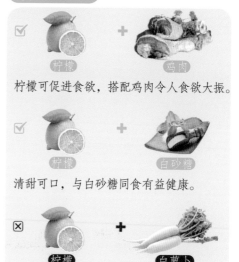

☑ 柠檬 ＋ 鸡肉
柠檬可促进食欲，搭配鸡肉令人食欲大振。

☑ 柠檬 ＋ 白砂糖
清甜可口，与白砂糖同食有益健康。

☒ 柠檬 ＋ 白萝卜
不宜同食，会产生不良反应，不利健康。

拌炒香菇

材料: 香菇100克, 金针菇、杏鲍菇、柠檬各50克, 红椒圈、蒜片、香菜段各适量。

调料: 胡椒粉、盐、黄酒各适量。

做法:

❶香菇、杏鲍菇去蒂洗净, 撕块; 金针菇去根洗净, 撕散; 柠檬切片; 备用。

❷锅置火上, 加入适量油, 烧热后放入香菇块、杏鲍菇块、金针菇、蒜片、红椒圈, 翻炒片刻, 然后放入柠檬片、盐、胡椒粉、黄酒、香菜段, 加盖大火煮2分钟即可。

驻颜面膜 DIY

柠檬奶蜜修复面膜

适用肤质: 任何肤质
操作指数: ★★★★

材料: 柠檬汁、酸奶、蜂蜜各2大匙, 维生素E胶囊1粒。

做法: 将柠檬汁、酸奶、蜂蜜依次放入容器中搅拌成糊状; 将维生素E胶囊剪开, 倒入已搅拌好的混合糊中, 充分搅匀即可。

使用方法: 洁面后, 将面膜均匀地涂在脸上, 避开眼、唇部皮肤, 静置15~20分钟后用清水洗净即可。

> **美丽秘语**
>
> 将2粒维生素E胶囊与1小匙蜂蜜做成黄色透明糊状, 用棉签轻轻涂抹在唇上, 润唇效果极佳。

护发亮发

黑芝麻

热量：559千卡

黑芝麻中富含的卵磷脂对防止头发脱落、预防白发、使白发慢慢变黑等均有很好的作用。其富含的其他营养元素，对改善头发干枯也都有很好的滋润作用。

性味归经

性平，味甘，归肝、肾、大肠经。

适宜人群

适合咳喘、痢疾患者食用。

营养成分

蛋白质、膳食纤维、维生素Ｅ、烟酸、钙、磷、钾、镁、铁、锌、不饱和脂肪酸等。

功效解析

➕ 延缓衰老

芝麻中含有丰富的天然抗衰老物质——维生素E。维生素E具有较强的抗氧化作用，可以阻止体内产生过氧化脂质，维持含不饱和脂肪酸比较集中的细胞膜的完整性和正常的生理功能，也可防止体内其他成分受到脂质过氧化物的伤害，减少体内脂褐质的积累，从而起到延缓女性衰老的作用。

➕ 防止头发过早变白和脱落

芝麻中丰富的卵磷脂可以防止头发过早变白和脱落，保持女性头发乌黑秀美。

搭配宜忌

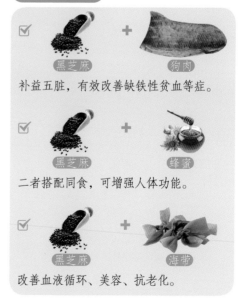

☑ 黑芝麻 ＋ 狗肉

补益五脏，有效改善缺铁性贫血等症。

☑ 黑芝麻 ＋ 蜂蜜

二者搭配同食，可增强人体功能。

☑ 黑芝麻 ＋ 海带

改善血液循环、美容、抗老化。

山药芝麻羹

材料：山药15克，黑芝麻120克，大米60克。

调料：玫瑰糖6克，鲜牛奶200毫升，冰糖120克。

做法：

❶将大米洗净，用清水浸泡1小时，捞出滤干；山药去皮洗净，切成小颗粒；黑芝麻炒香。

❷将做法❶中的材料放入碗中，加水和鲜牛奶拌匀，磨碎后滤出细蓉。

❸冰糖置锅中加水烧开，将做法❷中磨碎的细蓉慢慢倒入锅内，加玫瑰糖，不断搅拌成羹状，熟后起锅。

驻颜面膜 DIY

猕猴桃苹果芝麻面膜

适用肤质：任何肤质
操作指数：★★★★

材料：牛奶半杯，猕猴桃1个，苹果半个，黑芝麻粉1大匙。

做法：

❶猕猴桃、苹果均洗净、去皮，苹果去籽，二者均切丁，放入榨汁机中。

❷将牛奶加入榨汁机中，与猕猴桃丁、苹果丁一起搅打成稀糊状，再将黑芝麻粉加入稀糊中搅匀。

使用方法：洗净脸后，将调好的面膜均匀地涂敷在脸上，避开眼、唇部皮肤，约10分钟后用清水洗净即可。

美丽秘语
本面膜也可选用白芝麻粉。

椰子

热量：241千卡

用椰子汁"涂头发令黑"，即每日坚持用椰汁涂头发，能产生明显的乌发效果。椰子汁是女性钟爱的护发良品。女性在炎炎夏日喝上一杯椰汁，在清热解渴的同时还能滋养秀发。

性味归经

性平，味甘，归脾、肺、肾经。

营养成分

蛋白质、脂肪、膳食纤维、维生素C、钾、磷、镁、钠、铁等。

适宜人群

适合脾胃倦怠、食欲不振、四肢乏力、身体虚弱者食用。

功效解析

➕ 增加机体的耐受性

椰子汁含镁量很高，可以有效增加机体的耐受性，可用来缓解女性胃肠炎脱水症状。

➕ 改善酸性体质而导致的疾病

椰子是含碱性非常高的食物，因体质过酸而导致的疾病，可以通过食用椰子来改善。

➕ 美容

椰子是很好的美容食品。李时珍的《本草纲目》指出："椰子瓤食之可令人面泽"，说明吃椰肉可使女性面部滋润有光泽。

搭配宜忌

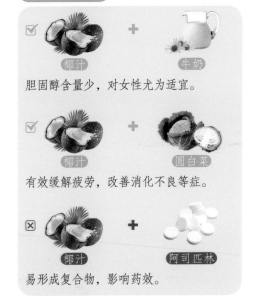

☑ 椰汁 ＋ 牛奶

胆固醇含量少，对女性尤为适宜。

☑ 椰汁 ＋ 圆白菜

有效缓解疲劳，改善消化不良等症。

☒ 椰汁 ＋ 阿司匹林

易形成复合物，影响药效。

椰香土豆泥

材料： 土豆2个，纯椰子粉100克。

调料： 干罗勒叶1小匙，黑胡椒粉、盐各少许。

做法：

❶土豆去皮入蒸屉，大火蒸熟后放入一只大碗内，用勺子碾压，一边碾压一边放入椰子粉，搅拌均匀后，放入黑胡椒粉、干罗勒叶和盐，再搅拌均匀。

❷用冰激凌勺作为挖土豆泥的工具，土豆泥装满一勺，扣入盘中，即为一颗饱满的土豆泥球。

驻颜面膜 DIY

椰汁芦荟绿豆紧肤面膜

适用肤质：任何肤质

操作指数：★★★

材料： 椰子汁半杯，芦荟1根，绿豆粉1大匙。

做法：

❶芦荟洗净，去皮，备用。

❷将绿豆粉、芦荟肉与椰子汁一同放入榨汁机中搅打成汁即可。

使用方法：

❶洗净脸后，用调好的面膜浸透面膜纸，将面膜纸敷在脸上，避开眼、唇部皮肤，约15分钟后用清水洗净即可。

❷每周可使用1～2次。

美丽秘语

绿豆具有强力解毒功效，可以解除多种毒素；绿豆还有消肿治痘的功效，经常用绿豆粉做面膜敷用，可以抑制痘痘的形成。

护眼明眸

胡萝卜

热量：46千卡

胡萝卜中含有大量的β-胡萝卜素，人体食用后，在肝脏及小肠黏膜内经过酶的作用，其中50%将转变成维生素A，具有明目的作用，可预防和缓解夜盲症。

性味归经
性平，味甘，归肺、脾、胃经。

适宜人群
适合糖尿病、夜盲症、便秘、百日咳患者食用。

营养成分
膳食纤维、β-胡萝卜素、维生素A、钾、钙等。

功效解析

➕ 益肝明目

胡萝卜中含有大量β-胡萝卜素，这种β-胡萝卜素的分子结构相当于2个分子的维生素A，进入女性机体后，在肝脏及小肠黏膜内经过酶的作用，其中50%变成维生素A，有补肝明目的作用，可预防和缓解夜盲症。

➕ 利膈宽肠

胡萝卜含有丰富的膳食纤维，吸水性强，在肠道中体积容易膨胀，是肠道中的"充盈物质"，可加强肠道的蠕动，从而帮助女性利膈宽肠，通便防癌。

搭配宜忌

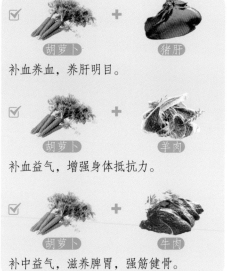

☑ 胡萝卜 ＋ 猪肝

补血养血，养肝明目。

☑ 胡萝卜 ＋ 羊肉

补血益气，增强身体抵抗力。

☑ 胡萝卜 ＋ 牛肉

补中益气，滋养脾胃，强筋健骨。

胡萝卜煲羊肉

材料：羊肉500克，胡萝卜250克，薏米100克，茯苓50克，姜片适量。

调料：盐1小匙，醪糟50毫升。

做法：

❶羊肉洗净，切块；胡萝卜去皮后洗净，切片；薏米提前浸泡4小时；其余材料均洗净，备齐。

❷将羊肉块放入沸水锅中氽烫透，捞出，沥干水分，晾凉备用。

❸锅中放入胡萝卜片、薏米、姜片、茯苓、羊肉块、醪糟和适量清水，大火烧开，撇去浮沫后盖上锅盖，转中小火煮90分钟，加盐即可。

驻颜面膜
DIY

胡萝卜蛋黄保湿面膜

适用肤质：中性肤质、干性肤质
操作指数：★★★★

材料：胡萝卜1根，鸡蛋2枚。

做法：

❶胡萝卜洗净，去皮，放入榨汁机中榨汁。

❷鸡蛋磕破，分离蛋黄与蛋清，留取蛋黄。

❸将胡萝卜汁与蛋黄放入器皿中搅拌均匀即可。

使用方法：

❶洗净脸后，将调好的面膜均匀地涂抹在脸部，避开眼、唇部皮肤，约15分钟后用清水洗净。

❷每日晚上使用1次。

美丽秘语

将磨碎的胡萝卜与沙拉酱拌匀或直接用胡萝卜汁调和沙拉酱做成面膜，效果也不错。

羊肉

热量：203千卡

羊肉含有丰富的维生素A，是养目、明目的必需营养元素，尤其对预防和缓解夜盲症、眼干燥症及视物昏花等症有很好的功效。经常使用电脑的女性可食用羊肉用来护眼。

性味归经
性热，味甘，归脾、肾、心经。

适宜人群
适合胃寒、气血两虚、骨质疏松、体虚者食用。

营养成分
蛋白质、脂肪、维生素A、烟酸、钾、磷、硒、锌、铁等。

功效解析

➕ 冬令暖身

羊肉含热量高，有很好的补充热量的作用，有助于冬令暖身。虚弱怕冷的女性食之能增强体质，提高机体抗寒能力。

➕ 产后补血调虚

产后多因出血而导致血虚，虚则寒凝气滞，腹中冷痛，羊肉最擅温暖宫胞，故可用作女性产后补血。若加用妇科良药当归，可调益营卫，补血和血；加性温之生姜，可散寒；有瘀血的可加红糖和血。

搭配宜忌

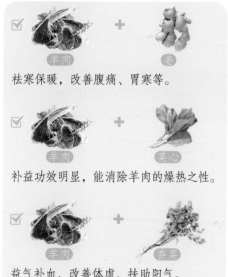

☑ 羊肉 ＋ 姜

祛寒保暖，改善腹痛、胃寒等。

☑ 羊肉 ＋ 菜心

补益功效明显，能消除羊肉的燥热之性。

☑ 羊肉 ＋ 香菜

益气补血，改善体虚，扶助阳气。

清香羊肉煲

材料： 羊肉500克，当归、水发枸杞子、干山药、甘草、姜、葱、蒜瓣各适量。

调料： 鸡高汤300毫升，盐1小匙，醪糟1大匙，白砂糖少许。

做法：

❶羊肉洗净，切块；姜洗净，切片；葱、蒜瓣均洗净，切末。

❷将羊肉块放入沸水锅中汆烫透，捞出，沥干水分。

❸锅中倒入适量清水，放入鸡高汤、醪糟、当归、枸杞子、干山药、甘草和所有材料，大火烧开，撇去浮沫后盖上锅盖，转中小火煮1.5小时，加盐、白砂糖调味即可。

当归羊肉粥

材料： 当归片15克，羊肉块100克，大米250克，姜片、葱段各适量，料酒2小匙。

做法及用法： 将所有材料同放入锅内，加适量清水，用大火煮沸，转小火煮35分钟即成。

功效： 可温养肾精、补气养血。适用于肾阳虚之不孕。

香菜

热量：33千卡

香菜含有特殊的香味，用其煮汤或加热后，其散发的香味具有醒目的作用。而且香菜中含有多种维生素，对提高视力、预防眼疾具有明显的功效。

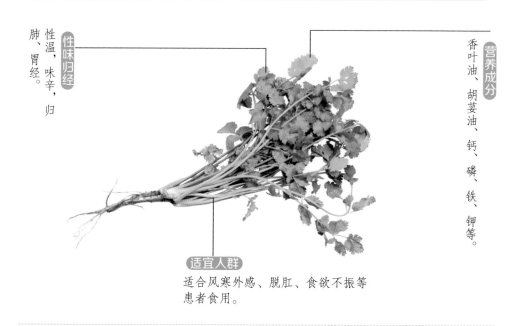

性味归经
性温，味辛，归肺、胃经。

营养成分
香叶油、胡荽油、钙、磷、铁、钾等。

适宜人群
适合风寒外感、脱肛、食欲不振等患者食用。

功效解析

➕ **促使机体发汗、透疹**

香菜提取液具有显著的发汗、清热、透疹的功能，其特殊香味能刺激汗腺分泌，促使机体发汗、透疹。

➕ **和胃调中**

香菜辛香升散，能促进胃肠蠕动，可有效帮助女性缓解各种胃凉、胃酸、消化不良等症。

➕ **提高视力**

香菜含有多种维生素，对提高视力、减少眼疾具有明显的作用。

搭配宜忌

☑ 香菜 ＋ 牛肉

补脾健胃，消除水肿，通大小肠积气。

☑ 香菜 ＋ 狗肉

缓解精神不振，补益脾胃，改善体虚。

☑ 香菜 ＋ 鳝鱼

刺激胃肠蠕动，促进营养物质消化吸收。

开心果

热量：614千卡

开心果果衣含有一种天然抗氧化物质——花青素，而翠绿色的果仁中又含有丰富的叶黄素，对保护视网膜也很有好处。日常生活中，女性可以选择开心果作为护眼明眸的零食。

性味归经
性温，味甘，归肾经。

适宜人群
老少皆宜。

营养成分
维生素E、维生素A、叶酸、铁、磷、钾、钠、钙等。

功效解析

➕ 抗衰老，增强体质

开心果营养丰富，还可以榨油，因此越嚼香味越浓，余味无穷，对女性身体有很好的补充营养的作用。开心果含有丰富的维生素E，不仅有抗衰老的作用，还能增强体质。

➕ 调中理气，明眸减压

中医认为，开心果具有调中理气的功效，常食可使人保持心情愉快，而且食用开心果可帮助女性减轻生活压力。开心果中还含有大量的抗氧化叶黄素，能有效保护视力。

你问我答

孕妇能吃开心果吗？

可以吃的。开心果营养丰富，富含维生素、叶酸以及铁、磷，钾等矿物质，同时还含有烟酸、泛酸。开心果中的这些营养成分对孕妇和胎儿都有很大的好处。但是，值得一提的是，开心果有较多的脂肪，不可多食。

丰胸美胸

木瓜

热量：29千卡

人们常说的有"丰胸"作用的木瓜是指青木瓜，而不是成熟的木瓜。青木瓜中的木瓜酵素及维生素A等营养成分，能刺激女性激素分泌，使乳腺畅通，常食能达到丰胸的目的。

性味归经
性温，味甘、酸，归肝、脾经。

适宜人群
适宜电脑族、夜盲症、风湿性关节炎患者食用。

营养成分
木瓜蛋白酶、凝乳酶、柠檬酶、木瓜碱，维生素、β-胡萝卜素、蛋白质等。

功效解析

➕ **补充营养，提高免疫力**

木瓜中含有大量水分、碳水化合物、蛋白质、脂肪、多种维生素及多种人体必需的氨基酸，可有效补充人体的养分，增强机体的抗病能力。

➕ **健脾消食**

木瓜中含有一种酶，能消化蛋白质，有利于女性对食物进行消化和吸收，故有健脾消食之功。

➕ **通乳抗癌**

木瓜中的凝乳酶有通乳作用，番木瓜碱具有抗淋巴性白血病之功，故可用于通乳及辅助治疗淋巴性白血病。

搭配宜忌

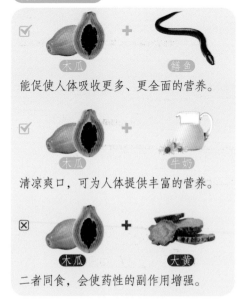

☑ 木瓜 ＋ 鳝鱼

能促使人体吸收更多、更全面的营养。

☑ 木瓜 ＋ 牛奶

清凉爽口，可为人体提供丰富的营养。

☒ 木瓜 ＋ 大黄

二者同食，会使药性的副作用增强。

雪耳蜜枣炖木瓜

材料： 木瓜1个，银耳20克，南杏、北杏各40克，蜜枣10颗。

调料： 冰糖150克。

做法：

❶木瓜去皮，洗净，切块；蜜枣洗净；南杏、北杏和银耳用水浸泡。

❷锅中加适量沸水，放入蜜枣稍炖片刻。

❸放入木瓜块和南杏、北杏以及银耳，水烧开后隔水蒸90分钟，放入冰糖调味即可。

驻颜面膜
DIY

牛奶芦荟木瓜抗敏面膜

适用肤质：任何肤质
操作指数：★★★★

美丽秘语

皮肤敏感的女性，一定要先去除芦荟的外皮再制作面膜，以免引起皮肤不适。

材料： 木瓜1块，蜂蜜1大匙，牛奶3大匙，芦荟叶肉少许。

做法：

❶木瓜去皮，切成片状，放入榨汁机中搅打成泥，再加入蜂蜜、牛奶搅匀。

❷将芦荟叶肉捣成泥，与做法❶中的混合物搅匀。

使用方法： 洗净脸后，将调好的面膜均匀地敷在脸上，避开眼部及唇部皮肤，再将面膜纸敷在脸上，约15分钟后用清水洗净。每周可使用1～2次。

橙子

热量：48千卡

橙子富含维生素C，能有效预防胸部下垂或外扩现象，让乳房更加坚挺。建议女性在饭后半小时以及睡前吃橙子，丰胸效果最佳。

性味归经

性凉，味甘、酸，归肺经。

适宜人群

适宜消化不良者、饮酒过度、恶心呕吐、血糖紊乱者食用。

营养成分

维生素C、钙、磷、钾、柠檬酸、橙皮苷、β－胡萝卜素、醛、醇、烯类等。

功效解析

➕ **增强抵抗力**

橙子中富含维生素C和维生素P，具有增强女性身体抵抗力，增加毛细血管弹性，降低血液中胆固醇含量等作用。对预防高血压、高血脂等症有益。

➕ **排毒，促消化**

橙子含有的膳食纤维和果胶，对促进肠道蠕动、清理肠道、排除体内毒素有很好的作用，是女性清理体内垃圾的天然好食物。

➕ **促进食欲**

橙子特有的芳香气味及富含的膳食纤维，具有健胃、促进食欲的作用。

搭配宜忌

☑ 橙子 ＋ 橘子

二者同食，可提高维生素C的吸收。

☒ 橙子 ＋ 猪肉

容易产生恶心、腹痛等症状。

☒ 橙子 ＋ 蛤蜊

影响维生素C的吸收，不利于人体健康。

橙子莲藕苹果汁

材料：莲藕1/3根，橙子1个，苹果半个。

调料：蜂蜜1小匙。

做法：

❶苹果洗净，去皮及核；橙子洗净，对半切开，切小块；莲藕洗净去皮，切小块。

❷将所有材料放入榨汁机中打匀成汁，滤出渣，再倒入杯中，加入蜂蜜调匀即可。

驻颜面膜 DIY

月季蜜橙透白面膜

适用肤质：任何肤质
操作指数：★★★★

美丽秘语

清洗面膜时，一定要确保彻底洗净，虽然橙子的酸性比柠檬弱，但清洗不彻底也会伤害皮肤。

材料：橙子半个，蜂蜜3小匙，月季花1朵。

做法：

❶橙子去皮，放入榨汁机中搅打成橙汁。

❷将蜂蜜、月季花一同加入榨汁机中，与橙汁再次搅打均匀即可。

使用方法：

❶洗净脸后，将调好的面膜均匀地敷在脸上，避开眼、唇部皮肤，为防滴漏，可再覆上一张面膜纸，10~15分钟后取下，洗净。

❷每周可使用1~2次。

生菜

热量：15千卡

生菜有"减肥生菜"的美誉，其中富含的膳食纤维和维生素C，对消除多余脂肪有非常好的作用，女性常食有利于保持苗条的身材。

性味归经

性凉，味甘、苦，归胃、膀胱经。

营养成分

抗氧化物、β—胡萝卜素、维生素、钙、磷、钾、钠、镁等。

适宜人群

适宜缺铁性贫血、肥胖、便秘者食用。

功效解析

➕ 抑制病毒

生菜含有一种干扰素诱生剂，可刺激人体正常细胞产生干扰素，产生一种抗病毒蛋白物质，从而起到抑制病毒的功效。

➕ 镇痛催眠，降低胆固醇

因生菜茎叶中含有莴苣素，故味微苦，具有镇痛催眠、降低胆固醇、辅助治疗神经衰弱等功效。

➕ 利尿通乳

生菜有利于人体内水电解质平衡，促进排尿和女性乳汁分泌，对高血压、水肿患者有很好的食疗作用。

搭配宜忌

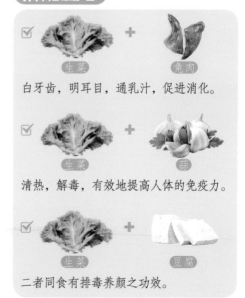

生菜 ＋ 兔肉

白牙齿，明耳目，通乳汁，促进消化。

生菜 ＋ 蒜

清热，解毒，有效地提高人体的免疫力。

生菜 ＋ 豆腐

二者同食有排毒养颜之功效。

海鲜生菜煲

材料：鲜鱿鱼、虾、生菜、玉米粒、青豆各适量，葱少许。

调料：盐、味精、老抽各少许，料酒、水淀粉各适量，鲜汤1小碗。

做法：

❶将所有材料洗净，备齐；鲜鱿鱼切小丁，与处理干净的虾放入沸水中汆烫。

❷锅加油烧至四成热爆香葱花，烹入料酒，加鲜汤、盐、味精、老抽烧沸，加入材料（除生菜外）微烧，用水淀粉勾芡收汁后，加入生菜即可。

生菜萝卜苦瓜沙拉

材料：生菜、小萝卜各100克，苦瓜半根，绿豆50克，香油、盐、白砂糖各适量。

做法及用法：将绿豆煮熟，把汁水倒入凉杯，趁热放入香油和少许盐拌匀，放置10分钟。将生菜、苦瓜、小萝卜混在一起，加白砂糖，拌匀即可。

功效：有助于皮肤补水，增加免疫细胞的活性，清除体内毒素，可帮助排毒。

空心菜

热量：23千卡

空心菜其所含的维生素C、烟酸、膳食纤维等能起到降低胆固醇、降脂减肥的功效，是女性美体瘦身的素食佳品。

性味归经

性平，味甘，归大肠、小肠、胃经。

营养成分

膳食纤维、β－胡萝卜素、维生素C、钾、钙等。

适宜人群

适宜鼻出血、便秘、高血压、糖尿病患者，便血、血尿者，口臭者以及爱美人士食用。

功效解析

➕ **降脂减肥**

空心菜所含的烟酸、维生素C等能降低胆固醇、三酰甘油，具有一定的降脂减肥功效。

➕ **防龋除口臭**

空心菜中的叶绿素可洁齿防龋，除口臭，健美皮肤，堪称女性美容佳品。

➕ **杀菌消炎**

空心菜性凉，其菜汁对金黄色葡萄球菌、链球菌等有抑制作用，可预防炎症感染。因此，女性夏季常食空心菜，可以杀菌消炎，消暑解热，凉血止血，排毒养颜，预防痢疾。

搭配宜忌

☑ 空心菜 ➕ 青椒

降血压，止痛消炎，是保健佳品。

☑ 空心菜 ➕ 鸡蛋

护眼，防癌，抗老，提高人体免疫力。

☑ 空心菜 ➕ 鸡肉

能够有效降低胆固醇的吸收。

滋补食谱
空心菜丸子汤

材料：空心菜500克，猪肉末100克，鲜香菇5朵，绿豆粉丝1把，葱、姜各适量。

调料：白胡椒粉、盐各少许，香油1小匙，生抽、水淀粉、料酒各2小匙，高汤300毫升。

做法：

❶空心菜洗净，取叶片；香菇洗净去蒂，切成碎末；葱和姜分别切末；绿豆粉丝泡软。

❷猪肉末放入碗中，加葱末、姜末、香菇末，调入料酒、白胡椒粉、香油、生抽和水淀粉，拌匀。

❸汤锅中注入高汤和500毫升冷水，煮沸后调小火。将肉馅搓成肉丸子入水氽烫，至丸子浮起。

❹放入绿豆粉丝，调成中火煮3分钟，投入空心菜叶和盐即可。

食疗保健妙方
空心菜蜂蜜饮

材料：空心菜200克，蜂蜜250克。

做法及用法：空心菜洗净切碎捣汁。将菜汁放入锅中大火烧开，用小火煎煮至较稠厚时加入蜂蜜，煎至稠黏如蜜时停火，冷却后装瓶备用。每次1汤匙，以温水冲化饮用。

功效：可有效缓解大便便血、小便便血等症。

辣椒

热量：38千卡

辣椒中的辣椒素能加速脂肪分解，同时，辣椒中丰富的膳食纤维具有促进肠道蠕动、降低胆固醇、降血脂的作用。女性常吃一些辣椒，可以让多余的脂肪充分燃烧。

性味归经

性热，味辛，归心、脾经。

营养成分

蛋白质、钙、磷、β-胡萝卜素、铁等。

适宜人群

一般人皆可食用。痔疮患者及孕产妇不宜吃辣椒。

功效解析

➕ **降低胆固醇**

辣椒含有丰富的维生素C，可以辅助治疗心脏病及冠状动脉粥样硬化，降低胆固醇。

➕ **开胃消食，改善食欲**

辣椒因果皮中含有辣椒素而有辣味，能帮助女性增进食欲。在炒菜时放上一些辣椒做配料，能增进食欲，增加饭量。

➕ **驱寒暖胃**

辣椒性热，能温暖脾胃。如果女性遇寒气出现呕吐、腹泻、腹痛等症状，可以适当吃些辣椒。体寒、胃寒的女性，冬季不妨吃一些辣椒。

搭配宜忌

☑ 辣椒 ＋ 白菜

促进胃肠蠕动，有助于消化。

☑ 辣椒 ＋ 豆腐干

益脑、健美、延年，可有效抗衰老美容。

☑ 辣椒 ＋ 茼蒿

有效地促进血液循环，预防癌症。

鲜辣豉椒牛柳

材料： 牛柳400克，青椒片、红甜椒片各少许，洋葱丝80克，鸡蛋1枚，葱花、姜末、蒜末各少许。

调料： 小苏打、水淀粉、黑胡椒粉各1小匙，干辣椒段、豆豉、老抽、料酒、盐各适量。

做法：

❶ 鸡蛋取蛋清；牛柳挑去筋膜洗净，切条，加入盐、小苏打、水淀粉、蛋清拌匀，腌渍20分钟。其余材料洗净。

❷ 油锅烧热，放入腌渍好的牛柳，炒至变色，烹入料酒炒匀盛出。

❸ 锅中底油烧热，下干辣椒段、豆豉、洋葱丝、葱花、姜末、蒜末煸香，放入青椒片、红甜椒片炒至断生，倒入滑炒好的牛柳，加入老抽、盐、黑胡椒粉翻炒均匀，稍点缀即可。

你问我答

为啥不能多吃辣椒？

辣椒中所含的辣椒素既可致癌，又可抗癌，关键在于摄入量的多少。大量食用辣椒后，辣椒素能引起血压升高，能引起神经损伤及消化性溃疡。但少量的辣椒素经血液循环到达肝脏，在肝脏的化合作用下，可产生抗癌作用。

菠萝

热量：44千卡

菠萝富含的营养成分能很好地促进消化。同时，菠萝汁具有分解脂肪的作用，对女性减肥很有帮助，每日喝一杯，减肥又营养。

性味归经
性平，味甘、微酸，归肺、大肠经。

适宜人群
适合腹泻、食欲不振、消化不良者食用。

营养成分
菠萝蛋白酶、生物碱、钾、维生素C等。

功效解析

⊕ 消脂减肥

菠萝的果汁能有效地分解脂肪，从而帮助女性达到减肥的目的。

⊕ 滋养肌肤、滋润头发

菠萝含有丰富的B族维生素能有效地滋养肌肤，防止女性皮肤干裂，滋润头发，同时也可以消除身体的紧张感和增强机体的免疫力。

⊕ 预防血管栓塞

菠萝所含的生物碱及蛋白酶可以抑制血液凝块，所以能预防冠状动脉和脑动脉血管栓塞所引起的疾病。

搭配宜忌

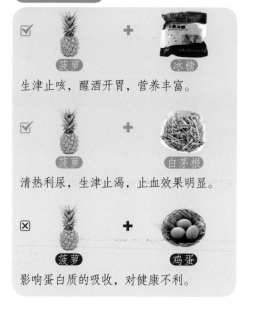

☑ 菠萝 + 冰糖

生津止咳，醒酒开胃，营养丰富。

☑ 菠萝 + 白茅根

清热利尿，生津止渴，止血效果明显。

☒ 菠萝 + 鸡蛋

影响蛋白质的吸收，对健康不利。

菠萝百合炖苦瓜

材料： 苦瓜、菠萝肉各100克，红椒、百合各20克，蒜末、葱白各少许。

调料： 盐、白砂糖、水淀粉各适量。

做法：

❶将菠萝肉切成片；苦瓜切开去瓤，切片；红椒去籽，切成片。

❷取炖盅，加入少许食用油，倒入苦瓜，拌匀。

❸盖上盅盖，加热约3分钟后揭盖入红椒、菠萝、百合，用筷子拌匀。

❹加入盐、白砂糖、蒜末、葱白拌匀，加入水淀粉勾芡即成。

驻颜面膜 DIY

菠萝金银花祛痘面膜

适用肤质： 油性肤质
操作指数： ★★★★

美丽秘语

如果面膜有剩余，可将其敷在颈部等其他部位。

材料： 菠萝50克，通心粉、金银花各半大匙。

做法：

❶菠萝去皮，洗净，切小块，放入榨汁机中榨成汁，倒入面膜碗中。

❷将通心粉、金银花研成粉末，加入菠萝汁中，搅拌均匀即可。

使用方法：

❶洗净脸后，将调好的面膜均匀地敷在脸部皮肤上，避开眼、唇部皮肤，10～15分钟后用温水洗净即可。

❷每周可使用1～2次。

西瓜

热量：26千卡

西瓜不含脂肪和胆固醇，且水分大，具有利尿的作用，吃西瓜后会增加排尿量，故对减轻腿部浮肿有很好的作用。尤其是对因长时间坐在电脑前而双腿麻木肿胀的女性来说更是一种天然的消肿、美腿水果。

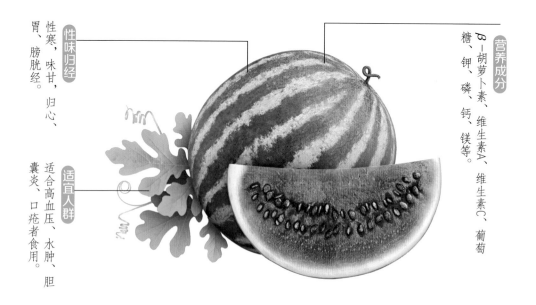

性味归经
性寒，味甘，归心、胃、膀胱经。

适宜人群
适合高血压、水肿、胆囊炎、口疮者食用。

营养成分
β-胡萝卜素、维生素A、维生素C、葡萄糖、钾、磷、钙、镁等。

功效解析

➕ 清热解暑

西瓜的含水量在水果中是首屈一指的，是女性夏季清热解暑、止渴除烦的最佳果品之一。

➕ 滋润面部皮肤

西瓜中含有腺嘌呤、糖类、维生素、矿物质与多种氨基酸，这些成分最容易被皮肤吸收，能够滋润女性面部皮肤。

➕ 驱走倦怠情绪

西瓜中含有丰富的钾元素，能够迅速补充随汗水流失的钾，避免由此引发的肌肉无力和疲劳感，驱走女性倦怠情绪。

搭配宜忌

☑ 西瓜 ＋ 薄荷

清热解暑，除烦止渴，通利小便。

☑ 西瓜 ＋ 紫苏

有效缓解暑热烦渴，热盛伤津等症。

☑ 西瓜 ＋ 绿茶

营养丰富，有醒脑、提神、镇静的功效。

水果面包粥

材料：普通面包1/3个，大米50克，切碎的苹果、哈密瓜、西瓜各适量。

调料：蜂蜜适量。

做法：

❶将大米淘洗干净，用清水浸泡30分钟，捞出，沥干水分，放入锅中用大火煮开。

❷面包切成小碎块，与切碎的水果一起放入锅内大火煮开后再改用小火，煮软即可。食用时调入蜂蜜。

驻颜面膜 DIY

蛋清瓜皮除斑美白面膜

适用肤质：任何肤质
操作指数：★★★★

美丽秘语

用刚吃完的瓜皮擦脸，可以起到明显的补水润肤的作用。

材料：鸡蛋1枚，西瓜皮1小块，面粉适量。

做法：

❶西瓜皮洗净后，用刀将瓜皮切成小块，榨汁；鸡蛋取蛋清。

❷将西瓜皮汁液、面粉、蛋清放入面膜碗中混合，充分搅拌均匀即可。

使用方法：

❶洁面后，将面膜敷在脸上，避开眼、唇部皮肤，约15分钟后用清水洗净即可。

❷每周使用2～3次。

草莓

热量：32千卡

草莓富含膳食纤维和一种叫作天冬氨基酸的物质，能够促进脂肪分解。女性常食可以自然而平缓地除去体内的多余脂肪，达到减肥的目的。

性味归经
性凉，味甘、酸，归脾、胃、肺经。

适宜人群
适合发热、口渴、虚痨骨蒸、肝病腹水者，音哑或失音者食用。

营养成分
维生素C、β-胡萝卜素、钙、磷、钾、铁、苹果酸、维生素E、膳食纤维、果胶等。

功效解析

➕ 明目

草莓中所含的β-胡萝卜素是合成维生素A的重要物质，具有明目养肝的作用。

➕ 改善贫血

草莓中含铁量很高，再加上丰富的维生素C，可以帮助女性促进铁的吸收，改善贫血症状。

➕ 护肤美容

草莓含有大量的维生素C，不仅能有效预防感冒，还能改善和祛除女性皮肤黑色素沉着、痣和雀斑。

你问我答

春天为啥适宜吃草莓？

春季人的肝火往往比较旺盛，吃点草莓可以起到解暑、清热的作用，饭后吃点草莓，还可以有效促进胃肠蠕动、帮助消化、改善便秘，预防痔疮、肠癌的发生。

草莓猪肉口蘑

材料： 口蘑5个，猪肉泥150克，黄瓜丁、洋葱丁、草莓果干各适量。

调料： 陈年车打奶酪丁、白砂糖、辣椒酱、盐、老抽各适量。

做法：

❶口蘑去蒂，洗净，去除菇柄及菇伞下的菇肉，晾干，成口蘑碗。

❷猪肉泥中加剩余材料，放入盐、白砂糖、老抽、辣椒酱拌匀，填入口蘑碗中。

❸烤箱预热150℃，中层放入锡纸，然后放入口蘑碗，烤5分钟，取出，撒车打奶酪丁，入烤箱烤7分钟即可。

驻颜面膜 DIY

草莓酸奶活肤面膜

适用肤质：油性肤质、混合性肤质
操作指数：★★★★

材料： 草莓5个，蜂蜜3小匙，酸奶半杯，面粉2大匙。

做法：

❶草莓去蒂，洗净，与蜂蜜一起放入榨汁机中搅打成泥，倒入面膜碗中。

❷将酸奶、面粉一同放入碗中，搅拌均匀。

使用方法：

❶洗净脸后，将调好的面膜均匀地敷在脸上，避开眼、唇部皮肤，10～15分钟后用清水洗净即可。

❷每周可使用1～2次。

美丽秘语

刚买回来的草莓先放入水中浸泡15分钟，然后再将叶、蒂摘掉，放入盐水中泡5分钟，再用清水冲洗，以免农药残留对皮肤不利。

补脑健脑

核桃

热量：336千卡

核桃含有较多的蛋白质及人体必需的不饱和脂肪酸，这些成分皆为大脑组织细胞代谢的重要物质，能滋养脑细胞，增强脑功能。经常用脑的女性，常吃一些核桃，能缓解脑疲劳、增强记忆力。

性味归经
性温，味甘，归肺、肾、大肠经。

营养成分
亚油酸、磷脂、膳食纤维、维生素E、钾、磷、镁、钙、硒、锰、锌等。

适宜人群
适合老年人及高血脂、心功能不全者食用。

功效解析

➕ **滋养脑细胞，增强脑功能**

核桃仁富含蛋白质及不饱和脂肪酸，能够有效促进大脑组织细胞代谢，能滋养脑细胞，增强脑功能。

➕ **营养肌肤，减少皱纹**

核桃仁含有的大量维生素E，女性经常食用有润肌肤、乌秀发的作用。

➕ **缓解疲劳和压力**

女性感到疲劳时，嚼些核桃仁，有缓解疲劳和压力的作用。

搭配宜忌

☑ 核桃 + 芹菜
降压，补肝益肾，缓解头晕头痛、咳嗽等。

☑ 核桃 + 鳝鱼
营养丰富，降低血糖，补脑，增强抵抗力。

☒ 核桃 + 鸡肉
二者同食，寒热不调，易引起胃肠紊乱。

紫米核桃粥

材料： 紫米200克，核桃100克。

调料： 无。

做法：

❶紫米淘洗干净，入清水中浸泡2个半小时，捞出沥干；核桃仁洗净，备用。

❷锅置火上，放入浸泡好的紫米和适量清水，大火煮沸后转小火煮至米熟，然后放入核桃仁，煮15分钟左右即可。

驻颜面膜
DIY

核桃蜂蜜润肤面膜

适用肤质：混合性肤质
操作指数：★★★★★

材料： 核桃仁、蜂蜜、面粉各2大匙。

做法：

❶将核桃仁放入研钵中捣成细粉。

❷将蜂蜜加入核桃仁粉中混合均匀，再将面粉加入到核桃粉与蜂蜜的混合物中搅拌均匀。

使用方法：

❶洗净脸后，将调好的面膜均匀地涂敷在脸上，避开眼、唇部皮肤，10～15分钟后用清水洗净。

❷每周可使用1～2次。

美丽秘语

将脸部洗干净后用热气蒸脸5分钟，使毛孔充分张开，再用本面膜敷脸，效果更加显著。

花生

热量：574千卡

花生中的维生素E、锌元素及人体必需的氨基酸具有促进大脑发育、增强记忆力的作用，尤其对激活中老年女性脑细胞有明显效果。因此，女性常食可延缓脑衰老。

性味归经
性平，味甘，归脾、肺经。

适宜人群
适合食欲不振、营养不良、咳嗽等患者食用。

营养成分
卵磷脂、维生素E、维生素K、B族维生素、蛋白质、烟酸、β—胡萝卜素、钾、磷、镁、硒、锰、锌等。

功效解析

✚ 健脑，增强记忆力

花生内含丰富的脂肪和蛋白质，并含有硫胺素、核黄素、烟酸等多种维生素，矿物质含量也很丰富，有促进脑细胞发育，增强记忆的功能。

✚ 滋润肌肤、减少脂肪堆积

花生含有丰富的维生素B$_2$和植物油，蛋白质含量也较高，可以滋润女性肌肤，还有一定的减肥效果。且花生中的维生素B$_2$、维生素B$_6$与烟酸等能够帮助体内的脂肪转化为能量，从而减少脂肪的堆积。

搭配宜忌

☑ 花生 ＋ 猪蹄
催乳增乳，适用于乳汁不足的女性。

☑ 花生 ＋ 啤酒
营养丰富，具有一定的健脑益智功效。

☒ 花生 ＋ 蕨菜
二者若搭配同食易导致腹泻和消化不良。

花生炖鸡爪

材料：鸡爪15个，花生仁75克，葱段、姜片、蒜片各10克。

调料：蚝油、料酒、老抽、白砂糖各1小匙，水淀粉2小匙，盐、胡椒粉、味精各少许。

做法：

❶花生仁用水泡软，捞出沥干；鸡爪处理干净，洗净。

❷鸡爪放油锅炸至金黄色捞出。

❸锅留底油，放入葱段、姜片和蒜片，加蚝油一起煸香，加老抽和料酒、鸡爪和花生，翻炒均匀，加适量开水、胡椒粉、味精、盐和白砂糖，小火烧至鸡爪熟烂，用水淀粉勾芡即可。

花生冬瓜皮野鸭汤

材料：花生仁、冬瓜皮（干）各50克，净野鸭肉块250克。

做法及用法：将花生仁、冬瓜皮洗净后与净野鸭肉块一同入锅，加清水适量，用大火煮沸，撇去浮沫，改用小火炖约60分钟至鸭肉熟烂时即成。喝汤，吃鸭肉及花生仁。

功效：益气养阴、利水消肿。

杏仁

热量：578千卡

《本草纲目》中记载杏仁有健脑益智的功效。另外，杏仁中矿物质的含量丰富，铁、锌、钙的含量都很高，再加上丰富的磷和锰，对大脑和神经有很好的补益作用。

性味归经

性平，味甘，归肺、大肠经。

营养成分

蛋白质、脂肪、膳食纤维、维生素A、β-胡萝卜素等。钙、磷、铁、

适宜人群

适合气喘咳嗽、大便秘结、动脉硬化等患者食用。

功效解析

➕ **降低胆固醇含量**

　　杏仁含有丰富的维生素C和多酚类成分，能够降低女性体内胆固醇的含量。

➕ **降低脂肪吸收率**

　　杏仁所含的膳食纤维可以降低人体对脂肪的吸收，女性食用杏仁并不会摄入过多热量，所以不会导致体重增加。

➕ **润肺定喘，生津止渴**

　　杏仁为传统的干果及中药材，分为甜杏仁、苦杏仁两种，甜杏仁多用作食品，苦杏仁多作药用，有祛痰止咳、平喘、润肠的作用。

搭配宜忌

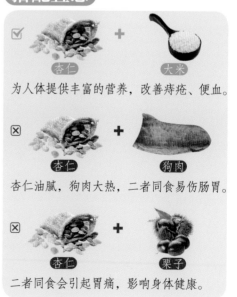

☑ 杏仁 ＋ 大米

为人体提供丰富的营养，改善痔疮、便血。

✗ 杏仁 ＋ 狗肉

杏仁油腻，狗肉大热，二者同食易伤肠胃。

✗ 杏仁 ＋ 栗子

二者同食会引起胃痛，影响身体健康。

杏仁拌河虾

材料：大河虾100克，杏仁20克，西兰花50克，小米椒、蒜末各少许。

调料：白砂糖少许，辣椒油、香油各1小匙，老抽1大匙。

做法：

❶大河虾去头剥壳，剔除肠泥，用水冲洗干净；西兰花洗净，切成小朵；小米椒斜切成圈。

❷西兰花和大河虾入沸水汆烫至熟，捞出过凉，沥干水分。

❸将大河虾、西兰花朵、杏仁、蒜末、老抽、白砂糖、辣椒油和香油混合搅拌均匀，撒上小米椒圈即可。

驻颜面膜 DIY

蛋清杏仁双白面膜

适用肤质：混合性肤质
操作指数：★★★★

材料：杏仁半杯，鸡蛋1枚。

做法：

❶将杏仁放入研钵中磨成细粉末。

❷鸡蛋破壳，滤取蛋清。

❸将蛋清加入杏仁粉中搅拌均匀即可。

使用方法：

❶洗净脸后，将调好的面膜均匀地敷在脸上，避开眼、唇部皮肤，10～15分钟后用温水洗净即可。

❷每周可使用1～2次。

> **美丽秘语**
>
> 杏仁分为甜杏仁及苦杏仁两种。甜杏仁能促进皮肤微循环，使皮肤红润、有光泽，具有美容的功效；而苦杏仁带苦味，多作药用，购买时应注意区分。

金针菇

热量：32千卡

金针菇有"增智菇"的称号。其含有多种人体必需的氨基酸，再加上丰富的锌，因此是很好的健脑益智食物。

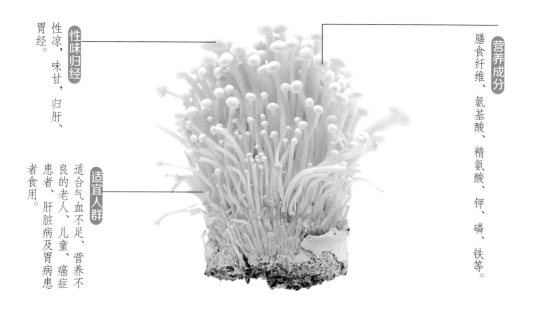

性味归经
性凉，味甘，归肝、胃经。

适宜人群
适合气血不足、营养不良的老人、儿童、癌症患者、肝脏病及胃病患者食用。

营养成分
膳食纤维、氨基酸、精氨酸、钾、磷、铁等。

功效解析

➕ **增强机体对癌细胞的抗御能力**

金针菇中含有一种叫朴菇素的物质，可增强女性机体对癌细胞的抗御能力。

➕ **预防心脑血管等多种疾病**

金针菇可抑制血脂升高，预防心脑血管疾病；女性常食金针菇还能预防肝脏疾病和胃肠道溃疡等病症，增强机体正气，防病健身。

➕ **抵抗疲劳，抗菌消炎**

金针菇具有抵抗疲劳、抗菌消炎、清除重金属物质、抗肿瘤的作用。

搭配宜忌

☑ 金针菇 ＋ 豆腐
提供营养、防癌抗癌，改善营养不良。

☑ 金针菇 ＋ 鸡肉
促进智力发育，增强机体的生物活性。

☑ 金针菇 ＋ 西兰花
增强肝脏解毒能力，提高机体免疫力。

滋补食谱
葱油金针菇

材料：金针菇300克，红甜椒适量，黄花菜、芹菜叶各适量，姜、蒜各少许。

调料：盐、老抽各适量。

做法：

❶金针菇摘去根部，洗净备用；红甜椒洗净，切丝；芹菜叶洗净备用；姜、蒜去皮洗净，切末；黄花菜泡发，洗净备用。

❷油锅烧热，下姜末、蒜末爆香，放入金针菇、黄花菜、红甜椒丝滑炒片刻，调入盐、老抽翻炒均匀，起锅装碗，撒上芹菜叶即可。

食疗保健妙方
豆芽凉拌金针菇

材料：水发金针菇250克，绿豆芽200克，姜片、葱花各5克，老抽、盐、味精、醋、胡椒粉、香油各适量。

做法及用法：将水发金针菇洗净，绿豆芽去杂质，洗净，分别在沸水锅中汆烫一下，放碗内，加入姜片、葱花、老抽、味精、盐、醋、胡椒粉，淋上香油即可。

功效：具有清热消肿的功效。

鸡蛋

热量：144千卡

鸡蛋与人体组织蛋白最接近，且容易被吸收。又由于鸡蛋中含有丰富的DHA和卵磷脂，因此具有健脑益智、延缓老年人智力衰退的作用，对改善各个年龄层女性的记忆力均有帮助。

性味归经 性平，味甘，归心、肺经。

营养成分 蛋白质、胆固醇、维生素A、DHA、卵磷脂、钾、磷、钠、钙、铁、硒等。

适宜人群 一般人均可，尤其适宜婴幼儿、高血压患者食用。

功效解析

➕ **修复肝脏组织损伤**

鸡蛋含有高质量的蛋白质，且容易被人体消化吸收，可促进肝细胞再生，对肝脏组织损伤有修复作用。

➕ **美容护肤、延缓衰老**

鸡蛋含有的营养成分，具有滋润面部皮肤的作用，与其他原料进行搭配，能够帮助女性起到润肤、防干、祛斑美白的功效。例如，与蜂蜜或牛奶搭配制成的天然面膜美容效果明显。

搭配宜忌

☑ 鸡蛋 ＋ 枸杞子

滋阴补肾，健脑明目，为人体补充营养。

☑ 鸡蛋 ＋ 羊肉

促进新陈代谢，延缓衰老，有益身体健康。

☑ 鸡蛋 ＋ 百合

滋阴润肺，镇静安神，益智健脑。

黄金蛋

材料：鸡蛋6枚，葱2根。

调料：市售卤包、老抽、醪糟各200毫升，白砂糖500克，干辣椒段、葱段各少许，盐适量。

做法：

❶取一个汤锅，放入葱段、干辣椒段、老抽、醪糟和水煮至滚沸，再加入白砂糖及卤包，转小火煮10分钟，熄火放凉，制成卤汁，备用。

❷水中加少量盐煮沸后放入鸡蛋，转至小火煮5分钟后捞出鸡蛋，冷却后，剥除蛋壳，放入卤汁中浸泡，稍点缀，移进冰箱冷藏1天即可。

驻颜面膜 DIY

冰片细盐清痘面膜

适用肤质：任何肤质

操作指数：★★★★

材料：细盐1大匙，鸡蛋2枚，冰片3小匙。

做法：

❶鸡蛋敲破，取出蛋清。

❷将细盐、蛋清、冰片混合，拌匀成膏状即可。

使用方法：

❶用洗面奶彻底清洁面部皮肤，用面膜刷蘸取混合好的面膜，涂于面部，避开眼部、唇部皮肤，注意不要涂太厚，5分钟后用温水洗去。

❷每日1次，连续使用10天。

> **美丽秘语**
>
> 冰片是龙脑香的树干加工制得的产品，色白晶莹、清香怡人，与用樟脑、松节油等制成的冰片类似，购买时要分清。

防辐射

海带

热量：13千卡

海带所含的胶质能促使人体内的放射性物质随同大便排出体外，从而起到减少放射性物质在人体内积聚的作用。经常受到辐射影响的女性，不妨多吃一些海带。

性味归经

性寒，味甘、咸，归肺、肾经。

营养成分

碘、褐藻酸、维生素B₁、维生素B₂、烟酸及钾、钙、铁、磷、硒、甘露醇等。

适宜人群

适合缺碘、甲状腺功能低下、高血压、高血脂、冠心病、糖尿病患者食用。

功效解析

➕ 清热利水、利尿消肿

海带中含有大量的甘露醇，甘露醇具有利尿消肿的作用，可防治女性老年性水肿、药物中毒等病症。同时，甘露醇与碘、钾、烟酸等元素协同作用，对防治动脉硬化、高血压、慢性气管炎、慢性肝炎、贫血、水肿等疾病有较好的食疗效果。

➕ 御寒

海带具有御寒的作用，冬季怕冷的女性经常食用，可有效提高自身御寒能力。

搭配宜忌

海带 ✔ 紫菜

清热利尿，辅助治疗地方性甲状腺肿大。

海带 ✔ 虾

补钙效果显著，孕妇可多吃。

海带 ✘ 猪血

易引起便秘，最好不要将二者搭配食用。

蛤蜊海带肉汤

材料： 活蛤蜊500克，猪瘦肉200克，海带（泡发）、葱丝、姜末、蒜末、青椒丝、红椒丝各适量。

调料： 盐、鸡精、酱油、米醋、白砂糖、料酒、胡椒粉、香油、猪骨汤各适量。

做法：

❶蛤蜊放入淡盐水中浸泡，洗净。

❷油锅烧热，下入姜末、蒜末、葱丝爆香，倒入猪骨汤，大火烧沸后，放入海带丝、猪瘦肉片煮1小时；放蛤蜊、青红椒丝，转小火煮约5分钟，加所有调料调味即可。

驻颜面膜
DIY

蜂蜜海带保湿面膜

适用肤质：任何肤质
操作指数：★★★★

材料： 蜂蜜1大匙，海带粉2大匙。

做法： 蜂蜜、海带粉与开水一同放入面膜碗中，搅拌均匀即可。

使用方法：

❶洗净脸后，取少许面膜均匀地敷在脸上，可着重敷在眼、唇部皮肤，静置15分钟用温水洗净即可。

❷每周可使用2次。

美丽秘语

制作本面膜时，很多女性可能以为要自己研磨海带粉，而海带研磨起来又非常费劲。其实在通常情况下，海带粉可以在专业的美容店买到。

绿茶

热量：328千卡

绿茶中的茶多酚及其氧化产物，具有吸收放射性物质的能力，故其对因放射性辐射而引起的白细胞减少症预防效果显著。长期使用电脑的女性，手边不妨常备一杯绿茶。

性味归经
性寒，味苦、甘，归心、肺、胃经。

营养成分
维生素A、维生素E、钾、钠、钙、镁等。

适宜人群
适宜高血压、高血脂、冠心病、糖尿病、油腻食品食用过多者、醉酒者饮用。

功效解析

➕ **延缓衰老**

绿茶中含有的茶多酚具有很强的抗氧化性和生理活性，能清理体内有害的自由基，是女性很好的延缓衰老饮品。

➕ **美容护肤**

茶多酚是水溶性物质，女性用它洗脸能清除面部的油腻，收敛毛孔，具有消毒、灭菌、抗皮肤老化，减少日光中的紫外线辐射等功效。

➕ **利尿解乏**

茶叶中的咖啡因能够刺激肾脏，促使尿液排出体外。此外，咖啡因还可促使人体尽快消除疲劳。

搭配宜忌

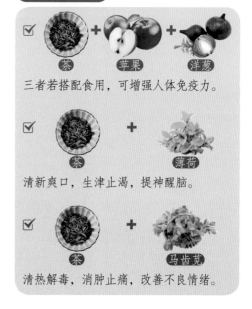

☑ 茶 ＋ 苹果 ＋ 洋葱

三者若搭配食用，可增强人体免疫力。

☑ 茶 ＋ 薄荷

清新爽口，生津止渴，提神醒脑。

☑ 茶 ＋ 马齿苋

清热解毒，消肿止痛，改善不良情绪。

丝瓜绿茶汤

材料：丝瓜300克，绿茶10克。

调料：盐适量。

做法：

❶把丝瓜清洗干净，去掉外皮，切成细丝。

❷在砂锅中加适量清水，放入丝瓜，并用盐调味，煮至瓜熟。

❸在砂锅中加入绿茶，继续熬煮10分钟左右，就可以关火了。

驻颜面膜
DIY

芦荟牛蒡绿茶面膜

适用肤质：任何肤质

操作指数：★★★★★

美丽秘语

本款面膜中的牛蒡也可以用山药来代替，美肤效果同样显著。

材料：芦荟、牛蒡各1段，绿茶粉1大匙。

做法：

❶牛蒡去皮，洗净，切段，放入榨汁机中，加3大匙开水搅打成泥。

❷芦荟去皮，放入榨汁机中榨成泥。

❸将绿茶粉与牛蒡泥、芦荟泥一同搅拌成泥状。

使用方法：

❶洗净脸后，将调好的面膜敷在脸上，避开眼、唇部皮肤，稍加按摩，约10分钟后用清水洗净。

❷每周可使用1～2次。

补血益气

水蜜桃

热量：51千卡

清代著名中医食疗养生著作《随息居饮食谱》中对桃有"补心活血，生津涤热，令人肥健，好颜色"的记载。且桃含铁量较高，因此具有补益气血的作用。在盛产桃的时节，气血不足的女性可多吃一些桃。

性味归经

性温，味甘、酸，归肝、大肠经。

营养成分

烟酸、维生素E、维生素B$_1$、果酸、钾、磷、钙、膳食纤维等。

适宜人群

适合低血糖、缺铁性贫血患者食用，尤其适合气血两亏、面黄肌瘦、心悸气短、便秘、闭经、瘀血肿痛等患者食用。

功效解析

➕ 促进伤口愈合

一个鲜桃所含的维生素C几乎可以满足成年女性一天的需求，因此十分适合当作日常水果。维生素C不仅有助于身体吸收铁和维护免疫系统，对合成皮肤的重要组成部分——胶原也至关重要，能促进伤口愈合。

➕ 缓解贫血与水肿

桃中含铁丰富，是缺铁性贫血患者的理想食疗佳果。此外，桃含钾量多，含钠量少，非常适合女性水肿患者食用。

搭配宜忌

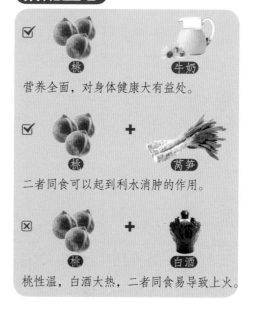

☑ 桃 ＋ 牛奶

营养全面，对身体健康大有益处。

☑ 桃 ＋ 莴笋

二者同食可以起到利水消肿的作用。

☒ 桃 ＋ 白酒

桃性温，白酒大热，二者同食易导致上火。

香瓜蜜桃瘦身汁

材料：香瓜、柠檬各半个，新鲜水蜜桃1个。

调料：无。

做法：

❶香瓜削皮，用勺子挖去中间的籽，洗净后切块，备用。如果是熟透的香瓜，也可保留中间的籽。

❷水蜜桃去薄皮，取果肉后切块；柠檬切块。

❸将水蜜桃块、柠檬块、香瓜块放入榨汁机中，并倒入适量凉开水，充分搅打均匀即可。

驻颜面膜 DIY

杏仁蜜桃鸡蛋面膜

适用肤质：任何肤质，尤其适合松弛的皮肤
操作指数：★★★★

材料：桃肉适量，杏仁半大匙，蜂蜜2小匙，鸡蛋1枚。

做法：

❶桃肉切成片，与杏仁一起放入榨汁机中搅打成泥。

❷将蜂蜜加入桃肉杏仁泥中搅拌均匀。

❸鸡蛋敲破，取蛋清，加入上述混合物中搅匀即可。

使用方法：

❶洗净脸后，将调好的面膜均匀地敷在脸上，避开眼部和唇部皮肤，10～15分钟后用清水洗净。

❷每周使用1～2次。

美丽秘语

杏仁中含有丰富的维生素，能够滋润皮肤。

莲藕

热量：73千卡

莲藕含有丰富的钙、铁、磷及多种维生素，尤其含铁量丰富，因此，常吃一些莲藕对缺铁性贫血的女性颇为适宜。

性味归经

性寒，味甘、涩，归心、肝、脾、胃经。

营养成分

淀粉、维生素C、维生素K、铁、钙、钾等。

适宜人群

适合食欲不振、肺病、肠炎患者、中老年人食用。

功效解析

➕ 减肥的佳品

莲藕的粗纤维很容易使人产生饱腹感。同时，莲藕的脂肪含量少，不容易使人肥胖，是非常好的女性减肥食物。

➕ 补血、止血

莲藕中含有丰富的维生素K，具有止血的作用，对于瘀血、吐血、流鼻血、尿血、便血的人以及产妇极为适合。莲藕汤有极佳的补血效果，且营养丰富、吸收力好，对于易贫血的女性或体质虚弱的孩童，应常喝莲藕汤。

搭配宜忌

藕 ＋ 莲子

滋阴除烦、补肺益气、除烦止血。

藕 ＋ 糯米

补中益气、补血养血，增强营养物质吸收。

藕 ＋ 乌梅

开胃消食、止泻凉血、帮助消化。

滋补食谱
醋熘藕

材料：莲藕200克，青椒块适量，葱段、蒜末各少许。

调料：盐、白糖、陈醋、白醋、水淀粉各适量。

做法：

❶将莲藕去皮洗净，切成薄片，放入加了少量白醋的水中浸泡备用。

❷将莲藕片放入沸水中略汆烫，捞出，沥干。

❸油锅烧热，炒香葱段、蒜末，放入青椒块略炒，下莲藕片翻炒片刻，加盐、白糖、陈醋和剩余白醋炒至入味。以水淀粉勾芡，出锅装盘即可。

食疗保健妙方
百合枇杷藕羹

材料：鲜百合、枇杷、鲜藕各30克，淀粉适量，冰糖少许。

做法及用法：百合洗净，撕片；枇杷去核，去皮；鲜藕洗净，切片。上面3种食材同煮，将熟时加入淀粉和冰糖，调匀成羹即成。亦可加入少许桂花。

功效：润肺滋阴，生津清热。

鹌鹑蛋

热量：160千卡

鹌鹑蛋含有人体所需的多种营养元素，其中维生素和铁元素含量丰富，加之其他营养成分，使其对女性补益气血很有帮助，尤其是对孕期女性和月经不调的女性滋补效果更佳。

性味归经
性平，味甘，归肺、脾经。

营养成分
蛋白质、胆固醇、维生素A、维生素E、磷、钠、硒、铁、钾等。

适宜人群
适合神经衰弱、失眠多梦者、婴幼儿、孕产妇、老人食用。

功效解析

✚ 补益气血

鹌鹑蛋有补益气血的作用，用于肺痨气血不足，常与白及同用；若女性面黄肌瘦，可单用本品打入米汤内煮熟食用。

✚ 软化血管，促进大脑发育

现代药理研究证明，鹌鹑蛋除含高蛋白质和脂肪、维生素、卵磷脂、铁等外，还含有芦丁和对大脑有益的脑磷脂、激素等，芦丁具有软化血管、防止微细血管和脑血管脆化、出血作用。

搭配宜忌

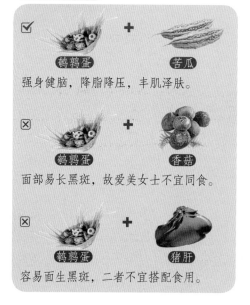

☑ 鹌鹑蛋 ＋ 苦瓜
强身健脑，降脂降压，丰肌泽肤。

☒ 鹌鹑蛋 ＋ 香菇
面部易长黑斑，故爱美女士不宜同食。

☒ 鹌鹑蛋 ＋ 猪肝
容易面生黑斑，二者不宜搭配食用。

糖醋鹌鹑蛋

材料： 鹌鹑蛋300克、葱末、蒜末各适量。

调料： 盐少许，干淀粉适量，醋、白砂糖、鸡精、豆瓣酱各1小匙。

做法：

❶将鹌鹑蛋煮熟去壳。

❷干淀粉、醋、鸡精加水稀释。

❸鹌鹑蛋放入热油锅中炸至金黄色，捞出。

❹锅里留少许油，放入蒜末和葱末爆香，加白砂糖炒至融化，放入盐和豆瓣酱，再加少许水烧开，然后加入鹌鹑蛋翻炒均匀即可。

❺倒入做法❷中的淀粉汁，收汁出锅即可。

菊花鹌鹑蛋

材料： 菊花15克，鹌鹑蛋1枚。

做法及用法： 将菊花洗净，加适量水煎煮，打入鹌鹑蛋煮熟，调味食用即可。佐餐食用，常食有效。

功效： 疏风清热，补气益血。适用于高脂血症。

牛肉

热量：125千卡

牛肉是高蛋白食物，其中人体必需的氨基酸含量丰富。同时，牛肉中的B族维生素及钙、铁、磷、锌的含量也很多，因此对补血有显著作用。女人想要好气色，可以常吃一些牛肉。

性味归经
性平，味甘，归脾、胃经。

营养成分
蛋白质、氨基酸、烟酸、钾、磷、钠、锌、铁、硒等。

适宜人群
适合身体虚弱、贫血、体弱无力、目眩者食用。

功效解析

➕ 寒冬补益佳品

牛肉营养价值很高，古有"牛肉补气，功同黄芪"之说。尤其是寒冬时节，女性多食牛肉可暖胃。

➕ 提高机体抗病能力

牛肉含酪蛋白、白蛋白、球蛋白较多，这对提高女性机体免疫功能，增强体质有益。

➕ 补血

牛肉是高蛋白食品，人类必需的氨基酸含量丰富，B族维生素及钙、磷、铁、锌的成分也很多，有较强的补血作用，适宜贫血的女性日常滋补。

搭配宜忌

☑ 牛肉 ＋ 陈皮
止咳化痰、生津开胃、理气消食。

☑ 牛肉 ＋ 牛蒡
刺激胃肠蠕动，改善便秘等症状。

☒ 牛肉 ＋ 橄榄
易引起身体不适，如消化不良、积食不化。

滑蛋牛肉片

材料：牛肉片300克，鸡蛋4枚，葱花适量。

调料：盐、味精、胡椒粉、香油各适量。

做法：

❶将鸡蛋打入碗中，放入葱花、盐、味精、胡椒粉和植物油，调成鸡蛋浆。

❷油锅烧热，下入牛肉片翻炒，滑熟，捞出，沥油，装入大碗中，加入鸡蛋浆拌匀。

❸净锅中倒入牛肉片，边炒边淋入植物油和香油，炒匀，撒上葱花即可。

阿胶牛肉汤

材料：阿胶15克，牛肉100克，米酒20毫升，姜10克，盐、味精各适量。

做法及用法：将牛肉去筋切片，与姜、米酒一起放入砂锅，加水适量，用小火煮30分钟，加入阿胶及盐、味精，溶解即可。

功效：滋阴养血，温中健脾。适用于月经不调、经期延后、头昏眼花、心悸少寐、面色萎黄或胎动不安者。

猪肉

热量：395千卡

猪肉可向人体提供有机铁和促进铁吸收的半胱氨酸，因此，对改善女性缺铁性贫血有很好的功效。

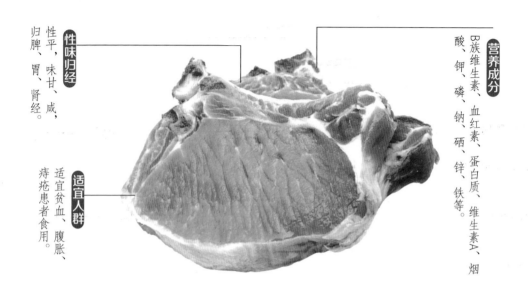

性味归经
性平，味甘、咸，归脾、胃、肾经。

营养成分
B族维生素、血红素、蛋白质、维生素A、烟酸、钾、磷、钠、硒、锌、铁等。

适宜人群
适宜贫血、腹胀、痔疮患者食用。

功效解析

✚ 改善缺铁性贫血

猪肉可提供血红素（有机铁）和促进铁吸收的半胱氨酸，能有效改善女性缺铁性贫血。

✚ 营养肌肤

猪皮含胶质成分，能营养肌肤。如将猪皮煮熟成猪皮冻食用，可使女性皮肤光洁细腻。

✚ 补血、通乳、托疮

猪蹄性味甘咸平，有补血、通乳、托疮的作用，对女性产后乳少、痈疽、疮毒等症有辅助治疗作用。

搭配宜忌

☑ 猪肉 ＋ 草菇
促进脂肪和胆固醇的分解和排泄。

☑ 猪肉 ＋ 人参果
健脾，生津止渴，滋阴润燥，益气补血。

☑ 猪肉 ＋ 芋头
降低血糖，可以预防和缓解糖尿病。

【滋补食谱】
荷香蒸排骨

材料： 猪小排500克，荷叶一片，糯米100克，葱末、姜末各少许。

调料： 生抽、料酒各1小匙，白胡椒粉、盐各少许。

做法：

❶荷叶放入凉水中浸泡，泡至回软；排骨斩小段，放入水中浸泡2小时去掉血水；糯米浸泡12小时，沥水备用。

❷排骨加葱末、姜末、生抽、白胡椒粉、盐和料酒拌匀腌渍半小时后，排骨放入糯米里滚一下，让糯米充分包裹住排骨。

❸将裹好糯米的排骨摆在荷叶里，放入笼屉，盖盖，大火开锅后蒸60分钟，打开荷叶即可。

【食疗保健妙方】
白兰花猪肉汤

材料： 猪瘦肉块150～200克，鲜白兰花30克（或干品10克），盐少许。

做法及用法： 将洗净的猪瘦肉块与鲜白兰花一起加水煲汤，加盐调味。饮汤食肉，每日1次。

功效： 滋阴、化浊。可辅助治疗女性白带过多等。

鱿鱼

热量：75千卡

鱿鱼含有丰富的钙、铁、磷元素，这些都是维持人体健康所必需的营养成分，对造血功能十分有益。女性常食能很好地补铁，预防因缺铁而造成的贫血。

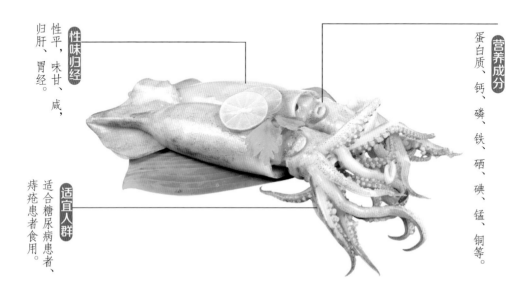

性味归经
性平，味甘、咸，归肝、胃经。

营养成分
蛋白质、钙、磷、铁、硒、碘、锰、铜等。

适宜人群
适合糖尿病患者、痔疮患者食用。

功效解析

➕ 抑制胆固醇，缓解疲劳

鱿鱼含有大量牛磺酸，是一种低热量食品，可抑制血液中的胆固醇含量，适合女性朋友用以缓解疲劳，恢复视力。

➕ 护肝解毒

鱿鱼具有促进肝脏解毒排毒的功效，可改善肝脏功能。而其含的多肽和硒等微量元素有抗病毒、抗射线的作用。

➕ 延缓衰老

鱿鱼还有调节血压、保护神经纤维、活化细胞的作用，女性经常食用鱿鱼能延缓身体衰老。

搭配宜忌

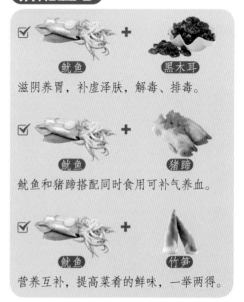

☑ 鱿鱼 ＋ 黑木耳

滋阴养胃，补虚泽肤，解毒、排毒。

☑ 鱿鱼 ＋ 猪蹄

鱿鱼和猪蹄搭配同时食用可补气养血。

☑ 鱿鱼 ＋ 竹笋

营养互补，提高菜肴的鲜味，一举两得。

（滋补食谱）
芹菜鱿鱼丝

材料：新鲜鱿鱼150克，芹菜
段50克，生姜15克。

调料：醋、盐、味精、胡椒粉
各少许，香油2小匙。

做法：

❶鱿鱼洗净，切丝；生姜去皮，捣成姜汁。

❷将鱿鱼丝、芹菜段分别入沸水锅烫熟，捞
起，放入凉开水中浸凉。

❸将鱿鱼丝、芹菜段沥干水分，放入同一个碗中。

❹加入所有调料和姜汁拌匀即可。

（食疗保健妙方）
韭菜炒鱿须

材料：新鲜鱿鱼500克，韭菜段20克，辣椒圈100克，蒜末、姜片、酱油、料酒、盐
各少许。

做法及用法：鱿鱼洗净，先切花，后切块。锅中倒油，爆香姜片、蒜末和辣椒，加鱿
鱼块、料酒、酱油翻炒捞出。锅中倒油，爆香蒜末，放韭菜略炒，倒入鱿鱼加盐翻炒
即可。

功效：补肾、美容和补血。

缓解疲劳

韭菜

热量：29千卡

韭菜会散发出香味，加上其中含有的大蒜素，能与维生素B₁结合生成蒜硫胺素，对缓解疲劳很有帮助，是女性缓解压力、舒缓疲劳的好食物。

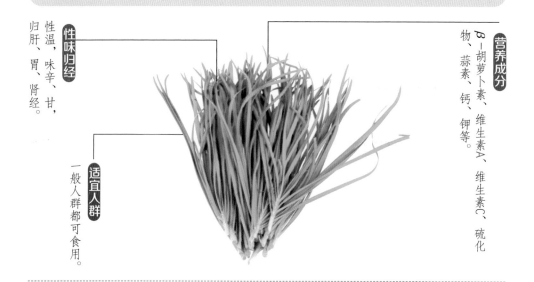

性味归经
性温，味辛、甘，归肝、胃、肾经。

适宜人群
一般人群都可食用。

营养成分
β－胡萝卜素、维生素A、维生素C、硫化物、蒜素、钙、钾等。

功效解析

➕ 行气理血

韭菜的辛辣气味有散瘀活血，行气导滞作用，适用于女性反胃、肠炎等症。

➕ 延缓衰老

韭菜中的硫化物具有软化血管、疏通微循环等功效，可帮助女性抗衰老。

➕ 缓解疲劳

蒜氨酸是韭菜独特气味的来源成分，这种物质在蒜氨酸酶的催化下可以转变为大蒜素，之后大蒜素又与维生素B₁结合生成蒜硫胺素。由于蒜硫胺素能加速乳酸（疲劳物质）的分解，因此具有缓解女性疲劳的作用。

搭配宜忌

☑ 韭菜 ＋ 豆芽

解除人体内的热毒，补虚通便，减肥。

☑ 韭菜 ＋ 虾仁

对夜盲症、眼干燥症等有辅疗作用。

☑ 韭菜 ＋ 鸡蛋

补虚，调和脏腑，益阳行气，止痛。

滋补食谱
蛋丝拌韭菜

材料：韭菜150克，鸡蛋2枚。

调料：盐1小匙，菊糖半匙，味精、香油各少许。

做法：

❶ 将韭菜择洗干净，放入沸水中略汆烫一下，捞出沥干，切成小段，再放入碗中，加入盐稍腌一下，沥干盐水备用。

❷ 将鸡蛋磕入碗中，加少许盐，打散备用。锅内加油烧热，将鸡蛋液摊成薄蛋皮数张。

❸ 将蛋皮切成4厘米长、1厘米宽的丝，放入韭菜碗中，加入菊糖、香油、味精拌匀即可。

食疗保健妙方
韭菜根鸡蛋

材料：韭菜根120克，白砂糖30克，鸡蛋1枚。

做法及用法：将以上3味加水适量同煮至蛋熟，去渣去壳食用。日服1次。

功效：可以凉血止血。适用于鼻出血。

腰果

热量：559千卡

腰果中维生素B$_1$的含量较高，仅次于芝麻和花生，对补充体力、消除疲劳有很好的效果，易疲倦的女性可以经常食用。

性味归经
性平，味甘，归肺经。

营养成分
脂肪、蛋白质、淀粉、油脂、β－胡萝卜素、钾、磷、钠、硒、铁、锌、铜、锰等。

适宜人群
一般人都可食用，尤其适合夜尿多者。

功效解析

➕ 排毒养颜，延缓衰老

腰果含有丰富的油脂，可以润肠通便，有很好的排毒养颜功效，能延缓女性衰老。

➕ 补充体力，消除疲劳

腰果中富含维生素B$_1$，能够有效补充体力、消除疲劳，女性经常食用可以改善疲劳症状。

➕ 控制癌症病情

腰果含有丰富的维生素A与蛋白酶抑制剂，维生素A又是优良的抗氧化剂，两者结合能控制癌症病情。

你问我答

吃腰果还有注意事项？

腰果营养丰富，富含蛋白质、淀粉、糖以及少量矿物质和维生素等成分。但是，如果误食腰果果壳则容易造成嘴唇和脸部发炎。在煮腰果果实时，也应该注意避免锅盖敞开而触及蒸气，否则有可能中毒。另外，腰果含有多种过敏源，对于过敏体质的人来说，有可能会发生过敏反应。

萝卜青豆汤

材料：胡萝卜150克，青豆60克，腰果50克，土豆、洋葱、玉米粒各适量。

调料：盐、鸡精各适量。

做法：

❶胡萝卜、土豆分别洗净，去皮，切丁；青豆、玉米粒分别洗净；腰果洗净，入清水中浸泡片刻；洋葱去皮，切丁。

❷锅置火上，加入适量清水，放入腰果，大火煮沸后转小火煮10分钟，然后放入胡萝卜丁、土豆丁、洋葱丁，煮6分钟后放入玉米粒、青豆，续煮12分钟，加盐、鸡精调味即可。

香酥腰果

材料：腰果60克，白芝麻15克，白砂糖适量。

做法及用法：

❶腰果洗净，捞出沥干放入适量沸水中焖煮至熟，熄火后出锅加白砂糖拌匀、待凉。

❷锅内放三大匙油，以冷油方式倒入腰果，待腰果炸成金黄色时出锅撒白芝麻即可。

功效：除烦、润肺止咳。

葡萄

热量：44千卡

葡萄的成分包括蛋白质、多种维生素及钙、钾、磷、铁等，还含有多种人体所需的氨基酸，加上其自身特殊的香甜口味，常食一些，对神经衰弱、疲劳过度的女性大有裨益。

性味归经

性平，味甘、酸，归脾、肾经。

营养成分

葡萄糖、天然聚合苯酚、钙、磷、铁、钠、钾、镁、锌、硒、铜、锰、维生素、烟酸、多种氨基酸等。

适宜人群

适合声音嘶哑者食用。

功效解析

➕ **防止低血糖**

当女性出现低血糖时，若及时饮用葡萄汁，可很快使症状缓解。

➕ **改善贫血的佳品**

葡萄中的糖和铁的含量相对较高，是女性体弱贫血者的滋补佳品。

➕ **防癌、抗衰老**

葡萄中所含的类黄酮是一种强力抗氧化剂，可帮助女性抗衰老，并可清除体内自由基。葡萄中还含有一种抗癌微量元素，可以防止健康细胞癌变，并能防止癌细胞扩散。

搭配宜忌

葡萄 ＋ 枸杞子

营养丰富，二者同食，口味极佳。

葡萄 ＋ 白萝卜

二者同食，易诱发甲状腺肿大。

葡萄 ＋ 水产品

二者同食会导致呕吐、腹胀、腹泻。

蓝莓葡萄纤体汁

材料：葡萄10颗，蓝莓10克，柠檬1/4个。

调料：蜂蜜1小匙，寒天粉适量。

做法：

❶将蓝莓、葡萄分别洗净；柠檬切成片。

❷将所有处理过的水果放入榨汁机中，加适量凉开水及蜂蜜混合搅打均匀，再加入寒天粉调匀，即可饮用。

驻颜面膜
DIY

葡萄面粉美白面膜

适用肤质：干性肤质、油性肤质

操作指数：★★★★★

美丽秘语

在制作面膜之前要对葡萄进行仔细清洗，以免残留的农药或者污渍对皮肤造成伤害。

材料：葡萄、面粉各适量。

做法：

❶先将葡萄籽取出，只留下葡萄肉与葡萄皮，然后用榨汁机打成汁。

❷加入少许面粉，调和均匀成糊状即可。

使用方法：

❶洗净脸后将调好的面膜均匀地涂在脸上，避开眼、唇部皮肤，为防止滴落，可再用一张面膜纸敷在脸上，约15分钟后揭下面膜纸，用温水洗净即可。

❷每周可使用2~3次。

安神助眠

苹果

热量：54千卡

苹果的香气是缓解抑郁和压抑感的良药。受失眠困扰的女性可在入睡前嗅一嗅苹果的香味，能较快地入睡。

性味归经
性平，味甘、酸，归脾、肺经。

适宜人群
适合脾胃虚弱、胃炎、腹泻、结肠炎、高血压患者食用。

营养成分
膳食纤维、维生素C、维生素E、有机酸、类黄酮、钾、磷、铁等。

功效解析

➕ 防止蛀牙

苹果里的鞣酸能起到保护女性牙齿、防止蛀牙和发生牙龈炎的作用。

➕ 消除心理压抑感

苹果的香气是缓解抑郁和压抑感的良药。在诸多气味中，苹果的香气对女性的心理影响最大，它具有明显的消除心理压抑感的作用。精神压抑患者嗅苹果香气后，心境可大有好转，精神轻松愉快，压抑感消失。失眠女性在入睡前嗅苹果香味，有助于入睡。

搭配宜忌

☑ 苹果 + 枸杞子
滋阴润燥、营养极高，对身体大有裨益。

☑ 苹果 + 牛奶
清热解渴、生津抗癌，对人体健康有益。

☒ 苹果 + 白萝卜
二者同食，容易诱发甲状腺肿大。

滋补食谱

苹果烧鹌鹑

材料：苹果块、鹌鹑肉各100克，葱丝、姜丝各适量。

调料：盐、料酒、鸡精、五香粉、水淀粉、白砂糖各适量。

做法：

❶鹌鹑肉洗净，切滚刀块，放入碗中，加水淀粉抓匀上浆。

❷油锅烧热，下入鹌鹑肉滑散至八成熟，捞出控油。

❸锅底留油，炒香葱丝、姜丝，倒入白砂糖、料酒、清水烧开，放入苹果块和鹌鹑肉，煮至鹌鹑肉熟烂，加入盐、鸡精、五香粉调味即可。

驻颜面膜
DIY

苹果薄荷紧肤面膜

适用肤质：油性肤质
操作指数：★★★★

美丽秘语

本款面膜即便放于冰箱内保存，其保存时间也不宜过长。

材料：薄荷3克，苹果1个。

做法：

❶苹果洗净、去核、切块，放入榨汁机内打成泥状。

❷将薄荷磨成粉末，与苹果泥混合均匀即可。

使用方法：

❶清洁脸部后，涂抹面膜，避开眼、唇部皮肤，10分钟后用温水洗净即可。

❷每周可使用1～2次。

荔枝

热量：71千卡

荔枝丰富的碳水化合物具有补充能量、增加营养的作用。同时，丰富的营养元素对大脑组织有养护与修补作用，进而对睡眠有促进好处。失眠的女性不妨吃一些荔枝来促进睡眠。

性味归经

性温，味甘、酸，归脾、肝经。

营养成分

单宁、果糖、维生素C、蛋白质、钾、磷等。

适宜人群

适合产妇、老年人、体质虚弱者以及贫血、胃寒、口臭者食用。

功效解析

➕ 提高抗病能力

荔枝含有丰富的维生素C和蛋白质，有助于增强女性机体免疫功能，提高抗病能力。

➕ 祛斑美容

荔枝中丰富的维生素可促进微细血管的血液循环，防止雀斑的产生，令女性皮肤更加光滑。

➕ 补虚

荔枝中所含的天然葡萄酸特别多，而此天然葡萄酸对补血、健肺有特殊功效，并可促进血液循环。因此，体质较弱的女性可以多吃荔枝。

搭配宜忌

☑ 荔枝 ＋ 大枣

滋肝益心，止烦渴，健脾止泻。

☑ 荔枝 ＋ 白酒

二者同食可健脾开胃，缓解胃脘胀痛。

☒ 荔枝 ＋ 黄瓜

二者同食，维生素C会遭到破坏。

柠檬荔枝汁

材料：荔枝400克，柠檬1/4个。

调料：冰块适量。

做法：

❶荔枝去皮及核，切小丁；柠檬榨汁，备用。

❷将全部材料及凉开水放入榨汁机中打匀，倒入杯中，加入冰块即可。

荔枝橄榄茶

材料：荔枝核、橄榄核各10克。

做法及用法：将荔枝核和橄榄核一同打碎，沸水冲泡，代茶饮。

功效：具有理气、散结、止痛的功效。适用于寒疝。

大枣

热量：125千卡

大枣是大众滋补佳品。《本草纲目》中记载大枣具有补虚益气、养血安神的作用，对于女性心神不宁、烦躁紧张、失眠等情况，有很好的缓解作用。

性味归经

性平，味甘，归脾、胃经。

营养成分

维生素C、硫胺素、核黄素、类黄酮、钾、钙、镁、磷、铁、硒等。

适宜人群

适合脾虚便溏、气血不足、营养不良、心慌失眠者食用。

功效解析

➕ 提高人体免疫力

大枣含有大量的糖类物质，并含有大量的维生素C、β-胡萝卜素、烟酸等多种维生素，具有较强的补养作用，能提高女性人体免疫功能，增强抗病能力。

➕ 预防胆结石

大枣中丰富的维生素C可使女性体内多余的胆固醇转变为胆汁酸，从而减少结石形成的概率。

➕ 补虚安神

大枣具有补虚益气，养血安神，健脾和胃的功效，是脾胃虚弱、气血不足、失眠等女性患者良好的保健营养品。

搭配宜忌

☑ 大枣 ＋ 糯米

既可健脾养胃，又能补中益气。

☑ 大枣 ＋ 桂圆

营养丰富，补血养血，安神宁心。

☑ 大枣 ＋ 栗子

补血，健脾安神，强筋活血，消肿止血。

滋补食谱

大枣蒸猪肝

材料：猪肝300克，大枣10个，枸杞子50个，葱花、姜丝少许。

调料：醋、水淀粉、盐各少许。

做法：

❶猪肝用加了醋的水浸泡30分钟，换水2次；大枣、枸杞子清洗干净，备用。

❷猪肝切片，继续泡去多余的血水。沥干，把大枣、枸杞子和猪肝片放到碗里，加入姜丝、水淀粉、少许盐，搅拌均匀，腌渍10分钟。

❸入锅蒸约10分钟，熟透后取出撒上葱花即可。

食疗保健妙方

甘薯大枣汁

材料：甘薯200克，大枣（干）50颗，蜂蜜20克。

做法及用法：甘薯洗净，削去外皮，切碎；大枣洗净，去核，切片；将甘薯和大枣片放入锅中，加入适量冷水，用大火煎煮，至水剩一半时加入蜂蜜调匀，改用小火煎10分钟。将煮好的汁液倒入大杯，放凉后即可饮用。

功效：健脾益肺，对于反复咯血的患者有很好的补铁功效。

牛奶

热量：54千卡

牛奶含有的色氨酸在人体中可以转换成影响情绪及睡眠的有效物质，能起到安定神经、帮助入睡的作用。失眠的女性在睡前喝一杯热牛奶，有助于安然入睡。

性味归经

性平，味甘，归心、肺、胃经。

营养成分

乳酪蛋白、乳清蛋白、维生素A、维生素B₁、维生素B₂、维生素B₆、维生素C、维生素D、卵磷脂、钙、钾、磷、硒等。

适宜人群

适合儿童、老年人、易怒、失眠者以及工作压力大者饮用。

功效解析

➕ 安眠

牛奶中的色氨酸在人体中可以转换成有助于安定情绪及睡眠的5-羟色胺与褪黑激素，能安定神经、帮助女性入睡。

➕ 美容

女性经常喝牛奶能使皮肤滋润，因为牛奶中所含的维生素A及多种矿物质对皮肤十分有益。牛奶的脂肪颗粒很小且呈高度分散状态，可使皮肤光洁润滑。牛奶中的维生素A能促进皮肤细胞活力，防止皮肤出现皱纹。

搭配宜忌

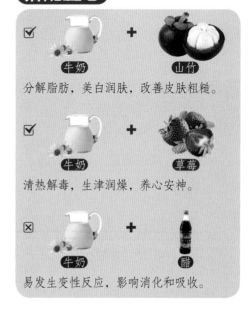

☑ 牛奶 ＋ 山竹

分解脂肪，美白润肤，改善皮肤粗糙。

☑ 牛奶 ＋ 草莓

清热解毒，生津润燥，养心安神。

☒ 牛奶 ＋ 醋

易发生变性反应，影响消化和吸收。

牛奶紫薯汤

材料： 紫薯400克，牛奶250毫升，花生仁适量。

调料： 无。

做法：

❶紫薯洗净，去皮，切块；花生放入水中浸泡1小时，备用。

❷锅置火上，倒入牛奶，放入花生仁、紫薯块，煮至材料熟烂即可。

驻颜面膜 DIY

牛奶白芍淡斑面膜

适用肤质：任何肤质

操作指数：★★

材料： 白芍1大匙，石膏适量，脱脂牛奶2大匙。

做法：

❶白芍和石膏磨成粉，过筛，筛取细粉。

❷将脱脂牛奶加入白芍粉、石膏粉中，搅拌均匀，并调成糊状。

使用方法：

❶洁面后，将面膜均匀地涂抹在脸部，避开眼、唇部皮肤，再在面膜上覆盖一层保鲜膜，约20分钟后揭开并用清水彻底冲洗干净即可。

❷每周可使用2～3次。

> **美丽秘语**
>
> 在保鲜膜上先挖出眼、鼻、口的开口，再覆盖在敷好面膜的脸上，更能增加本款面膜的保湿功效。

紫菜

热量：250千卡

孕妇在孕期多吃些紫菜好处多多，紫菜中含有多达12种维生素，能够预防衰老、防止记忆力减退。另外，紫菜还富含钙、碘、铁及锌等多种矿物质，有助胎儿健康发育。

性味归经

性寒，味甘、咸，入肺、脾、膀胱经。

适宜人群

适合水肿、咳嗽、脚气、心血管病和各类肿块、增生的患者食用。

营养成分

多种维生素、钙、碘、铁、锌、烟酸、核黄素等。

功效解析

➕ **促进骨骼、牙齿生长**

紫菜中含丰富的钙、铁元素，可以促进胎儿的骨骼生长。

➕ **清热利尿**

由于紫菜含有一定量的甘露醇，所以它是一种天然的利尿剂，清热利尿的功效显著，可缓解孕妇水肿。

➕ **调节内分泌**

碘直接作用于甲状腺、激素的生成过程，能起到调节生理基础代谢和促进身心健康的作用，对减轻女性更年期综合征也有一定疗效。

搭配宜忌

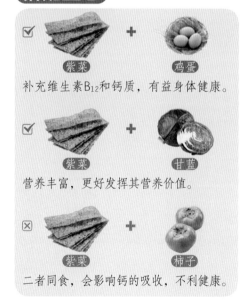

☑ 紫菜 ＋ 鸡蛋

补充维生素B12和钙质，有益身体健康。

☑ 紫菜 ＋ 甘蓝

营养丰富，更好发挥其营养价值。

☒ 紫菜 ＋ 柿子

二者同食，会影响钙的吸收，不利健康。

鲫鱼紫菜汤

材料：净鲫鱼600克，紫菜300克，白萝卜100克，葱段、姜片、姜末、香菜叶各适量。

调料：醋、盐、料酒、味精各适量。

做法：

❶白萝卜洗净，去皮，切丝；紫菜温水泡发，入沸水锅中汆烫后捞出，沥干。

❷油锅烧热，放入鲫鱼煎至两面变黄，调入料酒，放入葱段、姜片，倒入适量清水，煮沸后放入紫菜，煮至将熟，然后放入白萝卜丝，加盐、味精调味，最后放入姜末、醋煮匀，撒香菜叶即可。

玉米紫菜粥

材料：大米100克，鲜玉米粒50克，紫菜、盐各适量。

做法及用法：将大米淘洗干净，提前6小时浸泡；将玉米粒洗干净，沥干水分；将紫菜撕成块，洗净。之后锅中加入水，烧开后，放入大米和玉米粒，先用大火烧沸后再改成小火，熬煮1小时。待粥熬至黏稠状后，放入紫菜块略煮，再调入盐搅匀即可。

功效：改善孕期便秘，增加孕期食欲。

小米

热量：361千卡

小米中含有的维生素B$_2$及铜等营养元素，对孕期的女性来说有很好的滋补作用，能避免畸形，能使所怀宝宝健康成长，还能避免早产。

性味归经
性凉，味甘、咸，归脾、肾经。

适宜人群
适合生育女性、老年人、便秘患者、体质虚弱者食用。

营养成分
碳水化合物、β—胡萝卜素、维生素A、维生素E、蛋白质、钾、磷、镁、锌、硒等。

功效解析

✚ 维持人体正常生长发育

小米中所含的维生素B$_2$能维持人体正常发育。同时，还能预防和缓解女性会阴瘙痒、阴唇皮炎和白带过多。另外，小米中富含铜，铜能维持人体正常的生殖功能和生长发育，孕妇摄入足够量的铜，能避免畸形，使所怀胎儿发育健全，避免胎儿早产。

✚ 滋阴养血

小米中所含的类雌激素物质具有滋阴养血的功能，可使产妇虚寒的体质得到调养，帮助她们恢复体力。

搭配宜忌

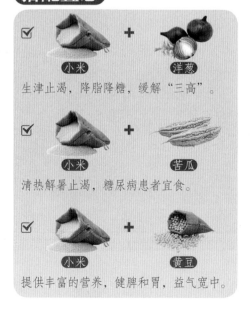

☑ 小米 ＋ 洋葱
生津止渴，降脂降糖，缓解"三高"。

☑ 小米 ＋ 苦瓜
清热解暑止渴，糖尿病患者宜食。

☑ 小米 ＋ 黄豆
提供丰富的营养，健脾和胃，益气宽中。

鲍香小米粥

材料： 鲜鲍鱼300克，鸡腿200克，小米50克，葱花、姜片各适量。

调料： 盐、料酒、生抽各少许。

做法：

❶ 鲜鲍鱼去壳取肉，洗净，备用。

❷ 小米洗净，入砂锅熬成粥，入姜片，待米烂时，入处理好的鲍鱼，调点油，调至小火煮15分钟。

❸ 鸡腿洗净，剁碎，调入盐、料酒腌渍15分钟。

❹ 将鸡碎肉放进粥里，朝着同一个方向搅拌后熬煮5分钟，出锅前加入生抽、葱花调味即成。

驻颜面膜 DIY

小米菠萝滋养面膜

适用肤质：中性肤质

操作指数：★★★★★

材料： 菠萝1块，小米（泡软）、甘油各半大匙。

做法：

❶ 菠萝去皮、切块，放入榨汁机中榨汁。

❷ 将小米与菠萝汁一同搅打均匀，再加入甘油，混合搅拌均匀即可。

使用方法：

❶ 洗净脸后，将调好的面膜均匀地敷在脸上，避开眼、唇部皮肤，10～15分钟后用温水洗净。

❷ 每周可使用1～2次。

> **美丽秘语**
>
> 甘油要选择美容专用的，不要选择药用的，且浓度不可过高。

黑米

热量：341千卡

古书记载，黑米具有补血暖胃的作用，被誉为"补血米"，更含有大米所缺乏的维生素C、叶绿素、β-胡萝卜素成分。用黑米熬制的粥，是女性补血、养身体的天然佳品。

性味归经

性平，味甘，入脾、胃、肺经。

营养成分

碳水化合物、烟酸、磷、钾、镁、锌、硒、蛋白质、氨基酸等。

适宜人群

适合女性、年少须发早白者食用。

功效解析

➕ 控制血糖，预防心脑血管疾病

黑米中含膳食纤维较多，淀粉消化速度比较慢，血糖指数仅有55（白米饭为87），因此，女性吃黑米不会像吃大米那样造成血糖的剧烈波动。此外，黑米中的钾、镁等矿物质还有利于控制血压、减少患心脑血管疾病的风险。

➕ 美肤养颜

黑米有平补气血、健脾和胃、润燥泽肤、滋肝固肾等功效，是适合女性食用的黑色美容食品，可做成黑米饭、八宝饭、黑米粥、黑米煮老鸭、黑米珍珠肉丸等美食。

你问我答

孕妇和婴幼儿能吃黑米吗？

能吃。黑米是孕产妇很好的滋补品。黑米的维生素、矿物质和膳食纤维含量比普通米高很多，也利于改善孕产妇缺铁性贫血的状况。另外，为防止宝宝消化不良，在给长全牙的幼儿食用黑米时一定要先浸泡一晚，再煮至烂熟，或者直接选用高压锅烹调。

葵花子

热量：609千卡

葵花子含有大量维生素E，能增进卵巢功能，使女性激素水平增高，提高生育能力，并预防流产，有助于安胎。

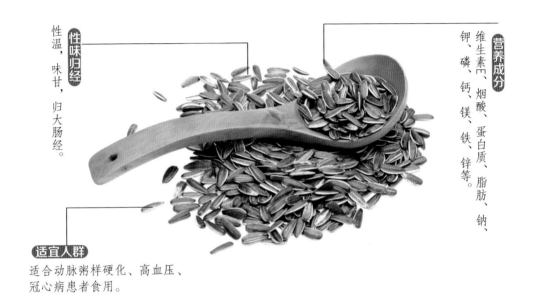

性味归经

性温，味甘，归大肠经。

营养成分

维生素E、烟酸、蛋白质、脂肪、钠、钾、磷、钙、镁、铁、锌等。

适宜人群

适合动脉粥样硬化、高血压、冠心病患者食用。

功效解析

✚ 预防高血脂、抗衰老和美容

葵花子含油酸、亚油酸等不饱和脂肪酸，可以提高人体免疫能力，抑制血栓的形成，可预防胆固醇、高血脂，还是女性抗衰老和美容的理想食品。

✚ 改善睡眠

葵花子含有丰富的镁，对调节脑细胞代谢和神经系统有重要作用，能够有效改善女性睡眠质量。

✚ 滋养皮肤，减少粉刺

葵花子中含有丰富的维生素A，对改善女性皮肤状态特别有益。

你问我答

吃葵花子会致癌？

网传瓜子会吸收土壤中的铅、镉、镍等重金属，为网传十大致癌食物之最。其实，事实并非如此。向日葵并不是最容易吸收重金属的。而且，葵花子是一种零食，虽然脂肪较多，但导致脂肪肝的可能性微乎其微。值得注意的是，如果瓜子发苦、有霉味，就不要吃了。因为变质的瓜子含有致癌物，有损身体健康。

香蕉

热量：93千卡

香蕉所含的蛋白质中带有氨基酸，具有安抚神经的效果。所含的泛酸是人体的"开心激素"，可以有效地减轻心理压力，解除忧郁，令人快乐开心。孕期女性情绪易发生波动，吃香蕉可稳定情绪。

性味归经
性寒，味甘，归肺、大肠经。

营养成分
碳水化合物、镁、磷、钙、维生素C、β—胡萝卜素、钾、维生素B1等。

适宜人群
适合胃溃疡、便秘、冠心病、高血压、动脉粥样硬化者食用。

功效解析

✚ 预防脚抽筋

香蕉中的钾离子能够防止女性身体中的电解质不平衡，防止抽筋。

✚ 防治便秘

香蕉含有丰富的果胶，能引起高渗性的胃肠液分泌，从而将水分吸附到固体部分，使粪便变软易排出，预防便秘。

✚ 增添笑容

香蕉含有泛酸等成分，泛酸是人体的"开心激素"，可以缓解女性心理压力，解除忧郁，使心情舒畅，笑口常开。

你问我答

带斑点的香蕉还能吃吗？

香蕉皮出现黑色的斑点并不意味着香蕉变坏了，而是提醒大家，里面的果肉成熟、可以食用了。只要香蕉果肉没问题就可以食用。所以，在挑选香蕉的时候，没有必要特别挑选完全没有斑点的香蕉。

香蕉牛奶汁

材料: 香蕉半根,牛奶3/4杯。

调料: 无。

做法:

❶香蕉剥皮,切成2厘米长的段。

❷将所有材料放入榨汁机中榨汁即可。

美容保健圣经 *Tips*

香蕉与牛奶一起食用,可提高人体对维生素B$_{12}$的吸收率。

驻颜面膜 *DIY*

橄榄油香蕉荸荠滋润面膜

适用肤质: 任何肤质

操作指数: ★★★★

材料: 橄榄油1大匙,香蕉半根,荸荠3个。

做法:

❶香蕉捣碎;荸荠磨碎。

❷香蕉和荸荠混合,加入橄榄油拌匀即可。

使用方法:

❶洗净脸后,用化妆棉蘸取此面膜,敷于脸上约5分钟;再用热毛巾覆盖在脸上,等毛巾冷却后,把毛巾和化妆棉取下,洗净脸部即可。

❷每周可使用2次。

美丽秘语

香蕉和橄榄油均为护肤美容佳品,均具有美容功效,搭配制成面膜,其美容护肤功效更加显著。

猕猴桃

热量：61千卡

猕猴桃含有丰富的叶酸，是孕妈妈的必需营养素之一，有助于安胎、养胎，对预防胚胎发育的神经管畸形也有帮助。但孕妈妈要适量食用，不可多吃，有先兆性流产的女性不宜食用。

性味归经
性寒，味甘、酸，归胃、脾经。

营养成分
维生素C、β－胡萝卜素、维生素A、钙、铁、钾、叶酸等。

适宜人群
适合高血脂、高血压、冠心病患者食用。

功效解析

✚ 解毒，改善肝功能

猕猴桃可作为汞的解毒剂，使血汞下降，肝功能改善。

✚ 消除忧郁

猕猴桃中含有的血清促进素具有稳定情绪、镇静心情的作用，另外，猕猴桃所含的天然肌醇有助于脑部活动，能帮助忧郁女性走出情绪低谷。

✚ 安胎，防止胎儿畸形

猕猴桃含有丰富的叶酸，叶酸是构筑健康体魄的必需物质之一，能预防胚胎神经管畸形。

搭配宜忌

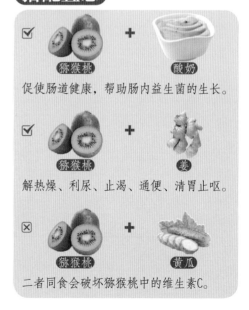

☑ 猕猴桃 ＋ 酸奶

促使肠道健康，帮助肠内益生菌的生长。

☑ 猕猴桃 ＋ 姜

解热燥、利尿、止渴、通便、清胃止呕。

☒ 猕猴桃 ＋ 黄瓜

二者同食会破坏猕猴桃中的维生素C。

狝猴桃蔬菜汁

材料：狝猴桃2个，圆白菜100克，黄瓜1根。

调料：柠檬汁、蜂蜜各1小匙，碎冰少许。

做法：

❶狝猴桃洗净，去皮，切块；圆白菜、黄瓜分别洗净，切碎。

❷所有材料一起放入榨汁机中，加入凉开水搅匀成汁，滤除果蔬渣，倒入杯中，加入柠檬汁、蜂蜜以及碎冰调匀即可。

驻颜面膜
DIY

狝猴桃黄瓜淡斑美白面膜

适用肤质：中性、干性及老化型肤质

操作指数：★ ★ ★

美丽秘语

本款面膜中的通心粉可以用面粉来代替，同样可以起到美白淡斑的功效。

材料：狝猴桃半个，黄瓜1段，通心粉半大匙。

做法：

❶狝猴桃去皮，切块；黄瓜洗净，切块，与狝猴桃块一起放入榨汁机中搅打成泥。

❷将通心粉、黄瓜、狝猴桃的混合物一起搅拌均匀即可。

使用方法：

❶洗净脸后，将调好的面膜均匀地敷在脸上，避开眼、唇部皮肤，10～15分钟后用清水洗净。

❷每周可使用2～3次。

柚子

热量：42千卡

柚子中含有丰富的钙和铁，有增强体质、预防孕期贫血的功效，同时，柚子所含的天然叶酸，可促进胎儿正常发育，女性在孕期适当食用柚子，营养又健康。

性味归经
性寒，味甘、酸，归胃、肺经。

营养成分
碳水化合物、钾、钙、磷、镁、β-胡萝卜素、维生素B₁、维生素B₂、维生素C等。

适宜人群
适合胃病、消化不良、慢性支气管炎、咳嗽、痰多气喘者及高血压、中风患者食用。

功效解析

✚ 保护心脑血管

柚子含有天然微量元素钾，而含钠量极低，是患有心脑血管病及肾脏病患者的食疗佳果，患有此类疾病的女性可常食。

✚ 降低胆固醇

柚子含有膳食纤维和大量的维生素C，能起到降低血液中胆固醇的作用，从而减少女性相关疾病的发生，并帮助消化，预防便秘。

✚ 降血糖

柚子肉含有作用类似于胰岛素的成分铬，能够降低血糖，是糖尿病女性的理想果品。

搭配宜忌

☒ 柚子 ＋ 螃蟹
刺激胃肠，出现腹痛、恶心、呕吐等症状。

☒ 柚子 ＋ 胡萝卜
破坏柚子中维生素C的营养价值。

☒ 柚子 ＋ 猪肝
加速金属离子的氧化而破坏其营养价值。

柚香里脊肉片

材料： 猪里脊肉片350克，柚子肉块200克，柠檬1/2个。

调料： 盐5克，番茄酱30克，醋5毫升，白砂糖10克。

做法：

❶柠檬洗净后切块，加适量水入榨汁机中搅打成汁。

❷肉片加柠檬汁拌匀，腌渍片刻后捞出沥干后入热油锅中滑油，盛出。

❸锅底留油烧热，炒香番茄酱，烹入醋炒沸，然后倒入猪里脊肉片，炒至熟透；再放入柚子肉块，略炒后加白砂糖和盐调味即可。

驻颜面膜 DIY

柚子芹菜汁面膜

适用肤质：油性肤质
操作指数：★★★★

材料： 芹菜50克，柠檬半个，柚子50克。

做法： 芹菜洗净，切段，与柚子肉一同放入榨汁机中，榨取汁液，倒入面膜碗中，挤入柠檬汁搅拌均匀即可。

使用方法： 洁面后，用热毛巾敷脸2分钟，将面膜纸放入芹菜柚子汁中浸湿，取出敷于脸部20分钟后，揭下面膜纸，用温水洗净即可。每周2次。

美丽秘语

芹菜和柚子本身就有控油、去油和平衡代谢的作用，芹菜的粗纤维还能紧致肌肤，让皮肤更加有弹性。

柑橘

热量：51千卡

柑橘含有丰富的营养物质，其中维生素C、维生素B₁含量最高，钙、铁的含量也很高，适宜孕期女性食用，能为孕妈妈补充多种营养，还能有效缓解孕吐等现象。

性味归经
性微温，味甘、酸，归肺、胃经。

适宜人群
适合消化不良、咳嗽、冠心病、脑血管疾病患者食用。

营养成分
β-胡萝卜素、维生素A、维生素C、柠檬酸、糖分、钾、钙、磷等。

功效解析

✚ 预防心脑血管疾病

柑橘含有生理活性物质柑皮苷，可降低血液的黏滞度，减少血栓的形成，所以对女性脑血管疾病、脑卒中等有较好的预防作用。

✚ 美容，消除疲劳

柑橘富含维生素C与柠檬酸，具有帮助女性美容、消除疲劳的作用。

✚ 消痰积

柑橘中所含的柑皮苷、β-胡萝卜素等物质，可以使气管扩张，有利于排痰。另外，柑橘对支气管上皮组织有修复功能，并可促进炎症的痊愈。

搭配宜忌

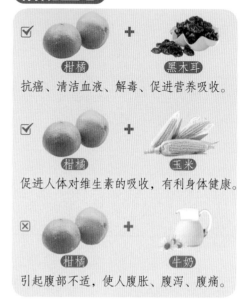

☑ 柑橘 + 黑木耳

抗癌、清洁血液、解毒、促进营养吸收。

☑ 柑橘 + 玉米

促进人体对维生素的吸收，有利身体健康。

☒ 柑橘 + 牛奶

引起腹部不适，使人腹胀、腹泻、腹痛。

136

柑橘甘蔗汁

材料：柑橘2个，甘蔗半根，百香果1颗，柠檬1/6个。

调料：无。

做法：

❶将百香果、柑橘果肉分别挖出，放进杯子；甘蔗、柠檬分别去皮，切块。

❷将所有材料放入榨汁机中搅打成汁即成。

驻颜面膜 DIY

橘汁芦荟保湿面膜

适用肤质：除敏感性皮肤以外的任何肤质

操作指数：★★★

美丽秘语

柑橘汁有一定的刺激性，故在使用前需先将其涂抹于手臂内侧做一个皮肤测试，以免产生过敏反应。

材料：柑橘汁1小匙，鲜芦荟1小片，维生素E胶囊1粒，面粉适量。

做法：

❶将芦荟洗净、去皮，捣成泥状。

❷将维生素E胶囊剪开，把维生素E油液、柑橘汁、面粉倒入芦荟泥中，调匀即可。

使用方法：洁面后，将调制好的面膜涂抹在脸上，注意避开眼睛及唇部周围皮肤，约20分钟后用温水洗净即可。

幸福哺育

红豆

热量：324千卡

红豆兼具食疗和药用价值，营养丰富。其中含铁量大，产后女性常吃，有助于养血补虚及身体恢复，同时能促进乳汁分泌，达到催乳的功效。

性味归经
性平，味甘、酸，归心、小肠经。

营养成分
蛋白质、维生素E、B族维生素、膳食纤维、糖类、钾、镁、钙、锰、铁、磷、皂角苷等。

适宜人群
特别适合贫血和便秘者食用。

功效解析

✚ 增强机体免疫功能

红豆含丰富的蛋白质、微量元素，有助于女性增强机体的免疫功能，提高抗病能力。

✚ 润肠通便，解毒抗癌

红豆有较多的膳食纤维，具有帮助女性润肠通便、降血压、降血脂、调节血糖、解毒抗癌、预防结石、健美减肥的作用。

✚ 催乳

红豆是富含叶酸的食物，产妇、乳母多吃红豆有催乳的功效。

搭配宜忌

☑ 红豆 + 黄豆
营养成分更为全面，适用于脚气病患者。

☑ 红豆 + 白砂糖
利水消肿、改善肾炎、消肿利尿。

☑ 红豆 + 鸡肉
提高蛋白质的利用率，提高营养价值。

红豆牛肉汤

材料： 鲜牛肉250克，红豆150克，花生仁100克，蒜（去皮）适量。

调料： 盐少许。

做法：

❶牛肉洗净，切块，入沸水中氽烫后捞出，洗净沥干。

❷红豆、花生仁分别洗净，备用。

❸锅置火上，加入适量清水，放入牛肉块，大火煮沸后转小火煮35分钟左右。

❹放入红豆、花生仁、蒜，继续煮约35分钟，煮至牛肉熟烂，最后加盐调味即可。

驻颜面膜 DIY

红豆面膜

适用肤质：油性肤质

操作指数：★★★★★

材料： 红豆100克。

做法：

❶将红豆洗净，加入纯净水，入锅中煮至软烂。

❷将煮好的红豆放入榨汁机中充分搅拌成泥状，冷却待用。

使用方法：

❶洁面后，将本款面膜均匀地涂抹于面部，避开眼、唇部皮肤，约15分钟后用温水洗净即可。

❷每周可使用1~2次。

美丽秘语

红豆宜煮烂后再使用，可以有效避免红豆的颗粒太大而损伤皮肤。

桂圆

热量：71千卡

桂圆是女性产后重要的调补食品，能补血安神，恢复体力，在许多地方都有女性产后服食桂圆的习俗。桂圆及其制品桂圆干、桂圆肉、桂圆膏、桂圆酱等，均可作为产后血虚的滋补佳品。

性味归经　性温，味甘，归心、脾经。

适宜人群　适合贫血、健忘、失眠、神经衰弱、产后虚弱者食用。

营养成分　葡萄糖、蔗糖、碳水化合物、蛋白质、β-胡萝卜素、维生素C、氨基酸、芦丁、钾等。

功效解析

✚ 改善体弱贫血

桂圆含糖量高，易消化吸收，有良好的滋补作用，产后女性应经常吃些桂圆，能够补血安神，恢复体力。

✚ 滋补美容、抗御衰老

桂圆是传统的女性滋补美容之品，主要是通过内服而起容颜悦色的效果。桂圆含有的葡萄糖、蔗糖以及较多的蛋白质、维生素及微量元素，构成了养血美容功效的基础。

✚ 保护血管，降脂

桂圆具有保护血管、降血脂的作用，很适合中老年女性食用。

搭配宜忌

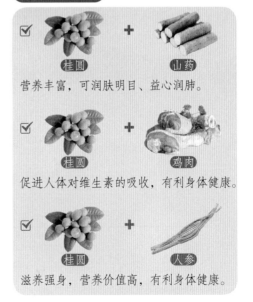

☑ 桂圆　＋　山药

营养丰富，可润肤明目、益心润肺。

☑ 桂圆　＋　鸡肉

促进人体对维生素的吸收，有利身体健康。

☑ 桂圆　＋　人参

滋养强身，营养价值高，有利身体健康。

莲子桂圆汤

材料：莲子55克，鸡蛋2枚，桂圆肉、大枣、姜片各适量。

调料：味精、盐各适量。

做法：

❶鸡蛋磕入碗中，打散；莲子洗净，去心；大枣去核，洗净。

❷锅置火上，倒入适量清水煮沸后，入桂圆肉、姜片、大枣、莲子，煮沸后转小火煮35分钟，然后淋入蛋液，最后加味精、盐煮至入味即可。

桂圆百合莲子羹

材料：桂圆肉、百合、莲子、白砂糖各50克。

做法及用法：将前3味洗净，放入碗中加清水，放锅内蒸，莲子熟后，加白砂糖，再蒸10分钟即可。分2次食用。

功效：用于女性心脾虚之心悸、气短、失眠之调养。

鸡肉

热量：167千卡

鸡肉具有温中调脾、补血益气的作用。女性产后身体虚弱，喝鸡汤能促进身体恢复，同时还能促进乳汁分泌。产后乳少、乳汁不下的女性，可食鸡肉进行调理。

性味归经 性平，味甘，归脾、胃经。

营养成分 蛋白质、不饱和脂肪酸、卵磷脂、维生素A、烟酸、钾、磷、铁、硒、锌。

适宜人群 适宜营养不良、贫血、气血不足、产后无乳者食用。

功效解析

➕ **增强体力、强壮身体**

鸡肉中蛋白质的含量较高，种类多，而且消化率高，很容易被人体吸收利用，有增强女性体力、强壮身体的作用。

➕ **改善营养不良、贫血等症**

鸡肉对营养不良、畏寒怕冷、月经不调、贫血等女性均有很好的食疗作用。

➕ **滋补佳品**

鸡肉具有温中益气、补肾填精、养血乌发、滋润肌肤的作用。凡面色无华、产后血虚乳少者，可将之作食疗滋补之品。

搭配宜忌

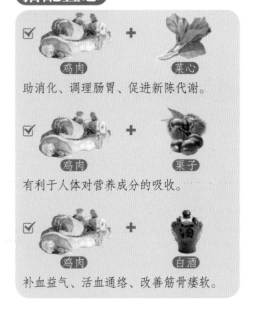

☑ 鸡肉 + 菜心

助消化、调理肠胃、促进新陈代谢。

☑ 鸡肉 + 栗子

有利于人体对营养成分的吸收。

☑ 鸡肉 + 白酒

补血益气、活血通络、改善筋骨痿软。

滋补食谱

芋头烧鸡

材料：鸡肉400克，芋头250克，红辣椒适量。

调料：盐、鸡精、老抽、料酒、红油各适量。

做法：

❶鸡肉洗净，切块；芋头去皮洗净。

❷油下锅烧热，放入鸡块略炒，再放入芋头、红辣椒炒匀，加盐、鸡精、老抽、料酒、红油调味，再加入适量清水，焖烧至熟，起锅装盘即可。

食疗保健妙方

乌鸡黄芪汤

材料：净乌鸡1只，黄芪、当归各60克，红糖150克。

做法及用法：将乌鸡洗净，在鸡腹中放入黄芪、当归、红糖隔水蒸熟。吃乌鸡肉、喝汤。分3次服完，每半月1次，连续食用2个月。

功效：此方可养心安神、滋阴补血，可用于多种原因引起的低血压。

鲫鱼

热量：108千卡

鲫鱼味道鲜美，营养丰富，是产后女性滋补身体的佳品。民间常给产后女性饮鲫鱼汤，帮助身体恢复、促进乳汁分泌。因此，对于产后乳少、乳汁不下的女性，吃鲫鱼很有帮助。

性味归经

性平，味甘，归脾、胃、大肠经。

营养成分

核酸、蛋白质、钾、硒、锌、钙、磷、胆固醇、维生素A等。

适宜人群

适合胃寒腹痛、食欲不振、消化不良患者以及中老年人和病后虚弱者食用。

功效解析

➕ 催乳

鲫鱼又称喜头鱼，意即生子有喜时食用，民间常给产后女性饮鲫鱼汤，有良好的催乳作用，对产妇身体恢复也有很好的补益作用。

➕ 健脑补肝

鲫鱼子能补肝养目，鲫鱼脑有健脑益智作用，是肝炎、肾炎、慢性支气管炎等疾病患者的最佳食疗产品，女性经常食用可滋补身体，增强抗病能力。

➕ 温补脾胃

鲫鱼营养丰富，经常用于女性食欲不振、消化不良、呕吐等病症的调补。

搭配宜忌

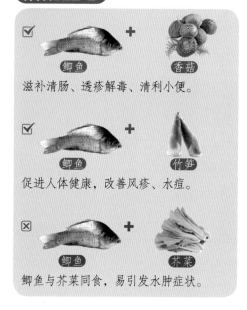

☑ 鲫鱼 ＋ 香菇

滋补清肠、透疹解毒、清利小便。

☑ 鲫鱼 ＋ 竹笋

促进人体健康，改善风疹、水痘。

☒ 鲫鱼 ＋ 芥菜

鲫鱼与芥菜同食，易引发水肿症状。

(滋补食谱)
葱香鲫鱼

材料：小鲫鱼500克，小葱1把，蒜末、姜末各少许。

调料：盐半小匙，老抽、料酒、香醋各少许。

做法：

❶将小鲫鱼处理干净，清洗几遍后，沥干水分；小葱去根，洗干净切段，备用。

❷油锅烧热，放入姜末、蒜末煸香，再放入小鲫鱼，直至小鲫鱼两面变为金黄色。

❸烹入老抽、香醋、盐调味，接着放入适量的料酒和水。最后放入小葱段，盖上锅盖用大火烧至汤沸后转小火烧15分钟，出锅盛盘即可。

(食疗保健妙方)
黄酒炖鲫鱼

材料：活鲫鱼1条（约500克），黄酒适量。

做法及用法：将鲫鱼清洗干净，煮至半熟后，加黄酒清炖。食鱼饮汤，每日1次。

功效：通气下乳。适用于产后乳汁不下。

鲤鱼

热量：109千卡

鲤鱼含有丰富的蛋白质，能促进子宫收缩，除恶露。据中医研究表明，鲤鱼还有通乳汁的作用。产后无乳的女性吃一些鲤鱼，可以改善此类问题。

性味归经
性平，味甘，归脾、胃、肝、肾经。

营养成分
维生素A、维生素E、赖氨酸、精氨酸、组氨酸、蛋白质、脂肪、钾、钙、磷、硒等。

适宜人群
适合肾炎水肿、妊娠水肿、黄疸肝炎、肝硬化腹水、心脏性水肿、脚气水肿、咳喘患者食用。

功效解析

➕ 除恶露，下乳汁

鲤鱼含有丰富的蛋白质，能促进子宫收缩，去恶露。用活鲤鱼一尾加料酒煮熟吃下，可以辅助治疗女性产后瘀血留滞子宫的病症。另外，鲤鱼还有生乳汁的作用。所以，产后适当多吃些鲤鱼是有道理的。

➕ 减肥

鲤鱼肉蛋白质组织结构松软，易被女性人体吸收，利用率高。同时，鲤鱼的脂肪含量较低，且多为不饱和脂肪酸，有减肥的作用。

搭配宜忌

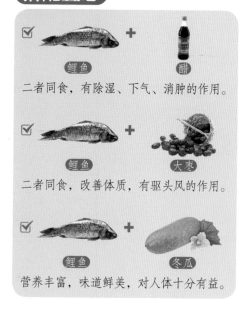

☑ 鲤鱼 ＋ 醋
二者同食，有除湿、下气、消肿的作用。

☑ 鲤鱼 ＋ 大枣
二者同食，改善体质，有驱头风的作用。

☑ 鲤鱼 ＋ 冬瓜
营养丰富，味道鲜美，对人体十分有益。

鲤鱼烩双鲜

材料： 鲤鱼1条，香菇50克，冬笋100克，姜片、大蒜、干辣椒段、葱花各适量。

调料： A.大料3粒，花椒、胡椒粉、盐各适量；B.老抽、白醋、生抽、料酒、白砂糖各2小匙。

做法：

❶鲤鱼处理干净，切块，沥干，用盐、姜片腌渍10分钟；香菇、冬笋分别洗净切片，氽烫后沥干。

❷油锅烧热，下花椒、大料、干辣椒段爆香，放入鱼块煎至两面微黄，放入大蒜、香菇片、冬笋片和调料B，加水没过鱼块煮开，改小火收汁，加入胡椒粉和盐调味，撒上葱花即成。

鲤鱼木瓜汤

材料： 鲤鱼200克，木瓜250克。

做法及用法： 将鲤鱼清洗干净，然后与木瓜一起加适量水煎汤。食鲤鱼、木瓜，饮汤。

功效： 适用于产后乳汁不足。

延缓衰老

玉米

热量：112千卡

玉米中的维生素E可促进人体细胞分裂，延缓衰老。玉米中还含有一种特殊的物质——谷胱甘肽，它在硒的作用下可生成谷胱甘肽氧化酶，具有保持年轻、延缓衰老的功能。

性味归经
性平，味甘，归胃、大肠经。

营养成分
蛋白质、钾、磷、镁、维生素C、β-胡萝卜素、黄体素、维生素E、膳食纤维等。

适宜人群
适合记忆力衰退、水肿、便秘、动脉粥样硬化、冠心病、高血压、肥胖、癌症、黄疸患者食用。

功效解析

➕ 预防便秘

玉米是粗粮中的保健佳品，对女性的健康颇为有利。玉米中的维生素B₆、烟酸和膳食纤维等成分可刺激胃肠蠕动、加速排便，预防便秘，让女性不再受小腹不适的困扰。

➕ 防癌抗癌

玉米中含的硒和镁有防癌抗癌的作用。硒能加速体内过氧化物的分解，使恶性肿瘤得不到分子氧的供应而受到抑制。而镁一方面能抑制癌细胞的发展，另一方面还能促使体内废物排出体外，这对女性防癌也有重要作用。

搭配宜忌

☑ 玉米 ＋ 黄豆
帮助消化、清理肠胃，抗癌、防衰老。

☑ 玉米 ＋ 菜花
健脾益胃、补虚、助消化、延缓衰老。

☑ 玉米 ＋ 奶油
提高人体免疫力、延缓衰老、美容养颜。

山楂玉米

材料：山楂60克，鲜玉米500克，豌豆50克，蒜末少许。

调料：盐、味精各适量。

做法：

❶将山楂去核洗净，切成小块；玉米洗净，取粒；豌豆洗净，沥干水分，备用。

❷锅内放油烧热，下蒜末爆香，加入山楂块、玉米粒、豌豆翻炒。

❸将熟时，放入盐、味精调味，出锅装碗即可。

驻颜面膜
DIY

玉米粉苹果水润面膜

适用肤质：任何肤质

操作指数：★★★★

材料：新鲜苹果1小块，玉米粉3大匙。

做法：

❶苹果和纯净水一起放入榨汁机中榨汁。

❷用无菌滤布将苹果残渣过滤掉，留下汁液。

❸将玉米粉加入汁液中，调匀成糊状。

使用方法：

❶洁面后，将调好的面膜涂在脸上并避开眼、唇部皮肤，待脸上的面膜干燥后洗净即可。

❷每周可使用1～3次。

美丽秘语

本款面膜如果一次没有用完要及时丢弃，不要过几天接着用，以免滋生细菌，引发各种皮肤问题。

香菇

热量：26千卡

香菇中的水提取物对人体内的过氧化氢物质有一定的消除作用，香菇浸水变软后，蘸适量蜂蜜摩擦脸部，对消除皮肤皱纹，延缓衰老有很好的效果。

性味归经 性平、味甘，归肝、胃经。

适宜人群 适合气虚、体弱多病者，高血脂患者食用。

营养成分 蛋白质、多糖、钾、磷、硒、嘌呤、胆碱、氧化酶、核酸等。

功效解析

➕ **延缓衰老**

香菇的水提取物对体内的过氧化氢有一定的消除作用，女性食香菇可滋养皮肤，防止皮肤干涩粗糙，使女性皮肤光洁细腻。

➕ **健体益智**

《神农本草经》认为香菇有"增智慧""益智开心"的功效。现代医学同样认为，女性常食香菇有健体益智功效，其益智作用在于其含量丰富的精氨酸与赖氨酸。

搭配宜忌

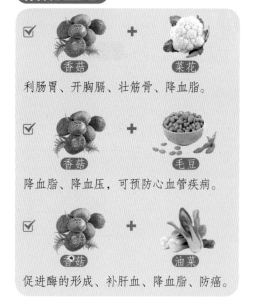

☑ 香菇 ＋ 菜花

利肠胃、开胸膈、壮筋骨、降血脂。

☑ 香菇 ＋ 毛豆

降血脂、降血压，可预防心血管疾病。

☑ 香菇 ＋ 油菜

促进酶的形成、补肝血、降血脂、防癌。

150

青椒炒香菇

材料：香菇450克，青椒1个。

调料：郫县豆瓣酱适量，盐
少许。

做法：

❶香菇去蒂洗净，切条；青椒洗净，切条。

❷锅置火上，加入适量油，烧热后放入豆瓣酱
炒出红油，然后放入香菇条，翻炒至变软，再
加入青椒条，翻炒均匀。

❸最后加盐调味即可。

香菇大枣汤

材料：香菇50克，大枣20颗，红糖适量。

做法及用法：将香菇和大枣加水适量，煮熟后，加入适量红糖，再煮片刻即可。每
日1剂，每日2次。

功效：经常饮用此汤，有降脂降压、补脾和胃的功效。

茄子

热量：23千卡

茄子含有维生素E，能增强体内抗氧化物质活动，具有减弱和清除自由基的作用。另外，常吃茄子，可使血液中胆固醇水平不致增高，对延缓人体衰老具有积极意义。

性味归经
性凉，味甘，归胃、大肠经。

营养成分
类黄酮、钾、磷、维生素P、芦丁。

适宜人群
适合便秘、发热、高血压、动脉粥样硬化患者食用。

功效解析

✚ 防止出血

茄子的芦丁含量很高，芦丁能使血管壁保持弹性和生理功能，有助女性保护心血管。

✚ 抗衰老

茄子含有维生素E，能增强体内抗氧化物质活动，从而减弱和清除自由基的影响，帮助女性达到抗衰延年的目的。

✚ 防治胃癌

茄子含有龙葵碱，能抑制消化系统肿瘤的增殖，对于防治胃癌有一定效果。此外，茄子还有清退癌热的作用。

搭配宜忌

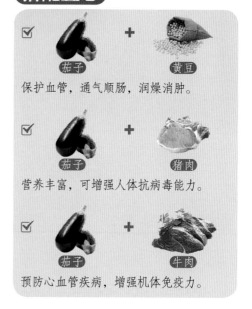

☑ 茄子 + 黄豆
保护血管，通气顺肠，润燥消肿。

☑ 茄子 + 猪肉
营养丰富，可增强人体抗病毒能力。

☑ 茄子 + 牛肉
预防心血管疾病，增强机体免疫力。

椒香茄片

材料：茄子400克，青椒、红甜椒各适量。

调料：盐、味精、醋、老抽各少许。

做法：

❶茄子洗净，切片，下入清水中稍泡后捞出，挤干水分；青椒、红甜椒均洗净，切片。

❷油锅烧热，放入茄子片翻炒，再放入青椒片、红甜椒片炒匀。

❸炒至熟后，加入盐、味精、醋、老抽拌匀调味，起锅装盘即可。

驻颜面膜
DIY

茄蜜润白面膜

适用肤质：混合性肤质
操作指数：★★★★★

材料：茄子半个，蜂蜜2大匙。

做法：

❶将茄子洗净，放入榨汁机中搅打成泥。

❷将蜂蜜加入茄子泥中，调成黏稠状即可。

使用方法：

❶洗净脸后，将调好的面膜均匀地敷在脸上，避开眼、唇部皮肤，为防滴漏，可在面膜上面覆上一张面膜纸，并稍加按压，约15分钟后由下往上取下面膜纸，再用清水洗净即可。

❷每周可使用1～2次。

> **美丽秘语**
> 茄子要彻底清洗干净，避免残留的农药对皮肤造成损伤。

山药

热量：57千卡

山药含有大量的黏液蛋白、维生素及微量元素，对增强体内激素分泌量，促进新陈代谢有很好的作用，是延年益寿的好食物。女性不妨吃一些山药来延缓衰老。

性味归经 性温，味甘，归肺、胃、肾经。

适宜人群 适合冻疮、心腹虚胀、寒湿虚泻患者食用。

营养成分 黏液蛋白、淀粉酶、薯蓣皂苷、钾、磷等。

功效解析

➕ 降低血糖

山药含有黏液蛋白，有降低血糖的作用，是女性糖尿病患者的食疗佳品。

➕ 延年益寿

山药含有大量的黏液蛋白、维生素及微量元素，能有效阻止血脂在血管壁的沉淀，预防心血管疾病，帮助女性安神、延年益寿。

➕ 促进内分泌，改善体质

山药中的薯蓣皂苷被称为是天然的"激素之母"，它能促进内分泌激素的合成、促进皮肤表皮细胞的新陈代谢及肌肤保湿的功能，改善女性体质。

搭配宜忌

✓ 山药 ＋ 桂圆
营养丰富，有润肤明目、益心润肺之功效。

✓ 山药 ＋ 胡萝卜
二者同食，健胃效果更明显。

✓ 山药 ＋ 南瓜
提神补气、滋补全身，为滋补佳品。

滋补食谱

山药炒莴笋

材料：山药300克，莴笋200克，胡萝卜50克。

调料：白醋1小匙，盐适量，鸡精少许。

做法：

❶山药、莴笋、胡萝卜分别洗净去皮，斜切成大小相同的片。

❷大火烧开锅中的水，加入白醋，再将山药片放入汆烫1分钟，捞出。

❸油锅烧至七成热，放入莴笋片和胡萝卜片滑炒均匀，随后放入山药片，继续翻炒2分钟，加鸡精和盐调味即可。

食疗保健妙方

山药薏米粥

材料：山药100克，薏米100克。

制法及用法：将山药去皮，洗净，切成小块，与薏米一同下锅，下适量水用小火煮成粥。每次1小碗，早、晚各服1次。

功效：滋阴健脾，补虚理嗽，增强免疫力。适用于慢性支气管炎、肺气肿等。

鸭肉

热量：240千卡

鸭肉含有的B族维生素对人体的新陈代谢有良好的作用，而维生素E则有助于人体多余自由基的清除，因此鸭肉具有延缓衰老的作用。

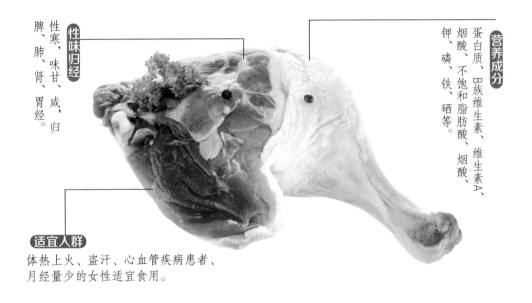

性味归经

性寒，味甘、咸，归脾、肺、肾、胃经。

营养成分

蛋白质、B族维生素、维生素A、烟酸、不饱和脂肪酸、烟酸、钾、磷、铁、硒等。

适宜人群

体热上火、盗汗、心血管疾病患者、月经量少的女性适宜食用。

功效解析

✚ 护肤美容

鸭肉含有较多的B族维生素，是女性补充B族维生素的理想食品之一，同时它也是护肤、美肤佳品。

✚ 健体抗衰

鸭肉中维生素E含量比较多。维生素E有助于人体多余自由基的清除，有助女性抗衰老。

✚ 缓解心脏疾病

鸭肉中丰富的烟酸是构成人体内两种重要辅酶的成分之一，对心肌梗死等心脏疾病等女性患者有保护作用。

搭配宜忌

☑ 鸭肉 ＋ 冬瓜

生血补血、促进食欲，有益身体健康。

☑ 鸭肉 ＋ 干贝

滋阴养胃、和胃调中，促进人体健康。

☑ 鸭肉 ＋ 豆角

滋阴补虚、养胃益肾、清热利湿。

第四章 预防又护养！
32种食物，
养出健康好气色

女人一生最关心的除了如何让外表看起来更年轻、漂亮之外，就是如何让自己更健康，远离女性疾病的困扰。对于一些女性常见的不适与疾病，如月经不调、便秘、更年期综合征、乳腺癌、阴道炎、卵巢炎等，在日常生活中如果没能做好提前的护养与保健，等到疾病发生后再去治疗就会麻烦很多，因此做好日常保健十分必要。而天然的食物由于其自身特有的营养价值，历来被视为最好的保健品。女人爱护自己的身体应从选对、吃对食物开始。

缓解经期不适

糯米

热量：350千卡

糯米可补气血，对经期腹痛的症状有很好的缓解作用。体质虚寒的女性如果在经期出现腹痛，喝上一碗糯米粥，腹痛感就会减轻。

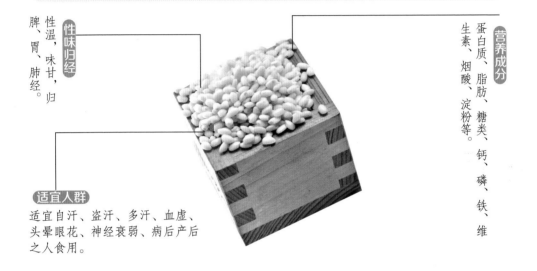

性味归经

性温，味甘，归脾、胃、肺经。

营养成分

蛋白质、脂肪、糖类、钙、磷、铁、维生素、烟酸、淀粉等。

适宜人群

适宜自汗、盗汗、多汗、血虚、头晕眼花、神经衰弱、病后产后之人食用。

功效解析

➕ **健脾暖胃**

糯米是一种温和的滋补品，有补虚、补血、健脾暖胃、止汗等作用。适用于女性脾胃虚寒所致的反胃、食欲减少等。

➕ **滋补健身**

以糯米为原料制成的酒能用于滋补健身和改善病症。有美容益寿、舒筋活血的功效。

➕ **预防心血管疾病，抗癌**

糯米不但可配伍食物用来酿酒，而且可以和果品同酿，如"刺梨糯米酒"，女性常饮能防心血管疾病、抗癌。

搭配宜忌

✓ 糯米 ＋ 红豆

温补脾胃、益气补虚，改善脾虚腹泻。

✓ 糯米 ＋ 大枣

养胃，清热止血，补中益气，养血安胎。

✗ 糯米 ＋ 鸡肉

易引起腹泻、消化不良等不适症状。

西红柿糯米粥

材料：糯米200克，鲜玉米粒、西红柿各100克。

调料：白砂糖适量。

做法：

❶糯米淘洗干净；玉米粒、西红柿分别洗净，西红柿切丁，备用。

❷锅中加水、糯米，大火煮至稠，加入玉米粒、西红柿丁熬煮至熟，加白砂糖搅拌即可。

驻颜面膜
DIY

糯米蛋清防衰面膜

适用肤质：油性肤质
操作指数：★★★★

材料：糯米粉2大匙，鸡蛋1枚。

做法：

❶鸡蛋取蛋清；糯米粉、蛋清、纯净水依次放入面膜碗中。

❷以上材料混合后用搅拌棒搅拌，调匀成糊状。

使用方法：

❶洁面后，在脸部涂上本款面膜，避开眼、唇部四周的皮肤，约15分钟后洗净，再依照一般程序保养脸部皮肤即可。

❷每周可使用1~3次。

美丽秘语

如果没有鸡蛋分离器，在取蛋清时只需在蛋壳上敲一个小孔，然后让蛋清慢慢流出即可。

山楂

热量：102千卡

山楂具有温经散寒、活血化瘀的功效，适用于女性月经延期、痛经的情况。每日取生山楂15～30克，水煎代茶饮，可缓解痛经、月经不调等症。

性味归经
性微温，味酸、甘，归脾、胃、肝经。

营养成分
酒石酸、柠檬酸、皂苷、果糖、维生素C、烟酸、钙、铁、硒、类黄酮等。

适宜人群
一般人群皆可食用，适宜消化不良者、心血管疾病患者、肠炎患者食用。

功效解析

⊕ 开胃消食

山楂特有的酸味令很多女性都喜欢吃。适当食用山楂能起到开胃消食的作用，尤其对消除积食作用更好。

⊕ 调血脂

山楂含有类黄酮等药物成分，具有降压、增强心肌、调节血脂及胆固醇含量的多种功能。

⊕ 抗衰老

山楂含有丰富的类黄酮、维生素C及β-胡萝卜素等物质，能抑制体内自由基生成，对提高女性免疫力、延缓衰老有一定功效。

搭配宜忌

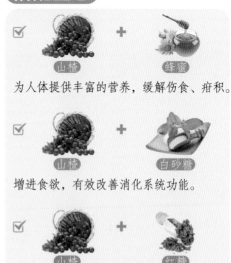

☑ 山楂 + 蜂蜜

为人体提供丰富的营养，缓解伤食、疳积。

☑ 山楂 + 白砂糖

增进食欲，有效改善消化系统功能。

☑ 山楂 + 红糖

活血化瘀，对痛经等症有辅助食疗效果。

滋补食谱
山楂抱山药

材料：山药、山楂各200克。

调料：桂花蜂蜜25克，白砂糖1大匙。

做法：

❶山药去皮，洗净，切成小块，入蒸锅蒸至熟烂，取出用勺子压成山药泥，扣在盘中。

❷山楂洗净，去核，对切，摆在山药旁边。

❸将白糖、桂花蜂蜜、少量水调成浓稠汁，浇在山药和山楂上即可。

食疗保健妙方
山楂红豆粥

材料：大米半杯，山楂、红豆各3大匙，南瓜100克，冰糖少许。

做法及用法：将大米淘洗干净；山楂洗净；红豆用清水浸泡一夜，淘洗干净；南瓜洗净，除去外皮，切成3厘米见方的薄片。将大米、山楂、红豆放入锅内，加水，置大火上烧沸煮粥。待粥将熟时放入南瓜片煮沸。粥内加冰糖，再用小火煮20分钟即成，每日早晚当主食吃。

功效：可降脂减肥、健脾祛湿。

丝瓜

热量：21千卡

丝瓜通行十二经，且营养丰富。最重要的是丝瓜有通经活络、行血脉的功效，女性多吃丝瓜对调理月经不调有帮助。

性味归经　性凉，味甘，归肺、肝经。

适宜人群　适合百日咳、咽喉炎、哮喘患者食用。

营养成分　钾、B族维生素、β-胡萝卜素、维生素C等。

功效解析

＋ 健脑

丝瓜中B族维生素含量较高，有利于小儿大脑发育及中老年女性大脑健康。

＋ 美容

丝瓜中含有防止皮肤老化的B族维生素和增白皮肤的维生素C等成分，能保护女性皮肤、消除斑块，使皮肤洁白、细嫩、有光泽。

＋ 预防脑炎，抗过敏

丝瓜提取物对乙型脑炎病毒有明显的预防作用，在丝瓜组织培养液中还提取到一种具抗过敏性物质——泻根醇酸，其有很强的抗过敏作用。

搭配宜忌

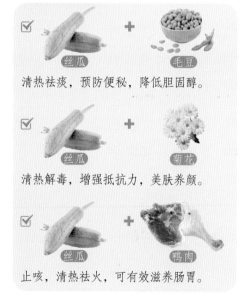

☑ 丝瓜 ＋ 毛豆

清热祛痰，预防便秘，降低胆固醇。

☑ 丝瓜 ＋ 菊花

清热解毒，增强抵抗力，美肤养颜。

☑ 丝瓜 ＋ 鸭肉

止咳，清热祛火，可有效滋养肠胃。

脆皮炸丝瓜

材料：丝瓜1根，酥脆粉1碗。

调料：椒盐粉2小匙。

做法：

❶丝瓜以刀刮去表面粗皮，洗净后对剖成4瓣，去籽后切成小段，备用。

❷酥脆粉放入碗中加入约1碗水调成浆状，放入做法❶的丝瓜段均匀蘸裹，备用。

❸油锅烧热，放入丝瓜段以中火炸约3分钟至表面酥脆金黄，捞起，沥油，盛入盘中，食用时撒上椒盐粉即可。

驻颜面膜 DIY

丝瓜面粉洁肤面膜

适用肤质：任何肤质

操作指数：★★★★

材料：新鲜丝瓜50克，面粉3小匙。

做法：

❶新鲜丝瓜洗净，去皮。

❷将丝瓜切成小块，放入榨汁机中搅打。

❸加入面粉搅拌均匀即可。

使用方法：

❶洗净脸后，将调好的面膜均匀地敷在脸部及颈部，避开眼部和唇部周围，10～15分钟后用温水洗净即可。

❷每周可使用1～2次。

美丽秘语

选购丝瓜时可用指甲掐一下，一般以皮较硬、肉质致密、种子已成熟且变成黄褐色者为佳。

红糖

热量：389千卡

红糖含铁丰富，具有活血化瘀、镇痛、补血驱寒的作用。若将红糖与生姜配成姜糖水饮用，对女性经期补血镇痛作用更佳。

性味归经
性温，味甘，归肝、脾、胃经。

营养成分
葡萄糖、果糖、叶酸和抗氧化物质等。

适宜人群
适合月经不调者、产妇、老年人、大病初愈者食用。

功效解析

➕ 保护肝脏

体内葡萄糖过多时，红糖的多余部分将以糖原的形式储存在肝脏内，当女性体内缺乏糖时，可起到保护肝脏的作用。

➕ 护养皮肤

红糖含有丰富的氨基酸、膳食纤维及抗氧化物，能抵抗自由基、强化皮肤组织结构，使女性皮肤保持弹性、延缓老化。

➕ 预防动脉粥样硬化

红糖中的特殊黑色物质能阻止血清内的中性脂肪及胰岛素含量的上升，降低葡萄糖的过量吸收，有助于女性预防动脉粥样硬化。

搭配宜忌

❌ 红糖 ＋ 啤酒

过量饮用会影响糖的代谢，导致血糖上升。

❌ 红糖 ＋ 牛奶

二者同食会使牛奶中的营养成分受到损失。

❌ 红糖 ＋ 皮蛋

二者一同食用易引起中毒。

菊花红糖粥

材料：大米120克，大枣60克，菊花20克。

调料：红糖10克。

做法：

❶大米用清水淘洗干净，入清水中浸泡1小时；大枣洗净，去核，泡胀。

❷锅置火上，倒入适量清水和大枣、大米。

❸用大火煮开后，转小火煮约18分钟。

❹加入菊花煮至米烂粥稠，放入红糖调味即可。

驻颜面膜
DIY

红糖美白面膜

适用肤质：混合性肤质

操作指数：★★★★★

材料：红糖1大匙。

做法：将红糖、适量水放入锅内，用小火煮，边煮边搅拌，直至起泡，关火，冷却待用。

使用方法：

❶洁面后，将做好的面膜薄薄地涂于脸上，10~15分钟后用温水彻底洗净即可。

❷每周可使用1~2次。

美丽秘语

洁面后，先用热毛巾敷面，令毛孔张开后再敷用本款面膜，效果更佳；如果购买的红糖足够多，也可以给全身皮肤做一个体膜，敷于颈部、胳膊、腹部、腿部等，可令皮肤红润、富有光泽。

蜂蜜

热量：321千卡

蜂蜜含有丰富的葡萄糖和果糖，能被人体直接吸收，加上蜂蜜特有的一种芳香气味，这些对缓解女性经期紧张情绪、痛经都有很好的作用。而蜂蜜与热牛奶搭配饮用，镇痛与缓解紧张情绪的效果更佳。

性味归经
性平，味甘，归肺、脾、大肠经。

营养成分
钙、磷、钾、维生素A、糖类等。

适宜人群
一般人群均可食用。尤其适宜老人、小孩以及便秘、高血压和支气管哮喘患者食用。

功效解析

➕ **滋润肌肤**

蜂蜜具有滋润作用，尤其是在秋冬季节，女性皮肤容易干燥，这时用少许蜂蜜与水调和后涂于皮肤，可滋润肌肤、防干裂。

➕ **安神助眠**

蜂蜜含有的葡萄糖、维生素、钙、镁等物质，能够起到镇静、安神、促进睡眠的作用。睡眠不好的女性晚上喝一杯蜂蜜水，会有助于入睡。

➕ **提高机体免疫力**

蜂蜜中含有的多种酶和矿物质发生协同作用后，能提高女性免疫力。

搭配宜忌

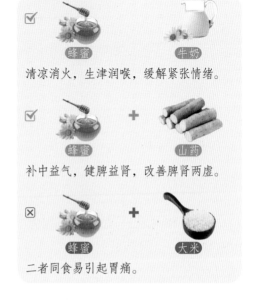

☑ 蜂蜜 ＋ 牛奶

清凉消火，生津润喉，缓解紧张情绪。

☑ 蜂蜜 ＋ 山药

补中益气，健脾益肾，改善脾肾两虚。

☒ 蜂蜜 ＋ 大米

二者同食易引起胃痛。

蜂蜜西红柿

材料：西红柿2个。

调料：蜂蜜150克，糖桂花1小匙。

做法：

❶西红柿洗净，放入沸水中余烫一下，捞出。

❷将捞出后的西红柿剥皮，切片，整齐装盘。

❸将蜂蜜、糖桂花放入碗内调匀，浇在切好的西红柿上即可。

驻颜面膜
DIY

苏打粉果蜜紧肤面膜

适用肤质：中性肤质
操作指数：★★★★

材料：苹果1个，蜂蜜2大匙，苏打粉半小匙。

做法：

❶将苹果洗净，去皮，取果肉，备用。

❷将苹果放入榨汁机中打成泥状，再将蜂蜜、苏打粉加入苹果泥中调匀。

使用方法：

❶洁面后，将调好的面膜敷在脸上轻拍于整个面部，直至面部感觉有点黏为止，约15分钟后用清水洗净。

❷每周可使用1～2次。

> **美丽秘语**
>
> 蜂蜜除可做面膜外，还有很多其他的功效。例如，每日早起喝一杯蜂蜜水对美容有益。

生姜

热量：46千卡

生姜能使人感到身体温暖，是驱寒气的上好食物。寒性体质的女性在经期经常感到腹痛不能忍，那么在经前几天或经期坚持喝适量姜糖水，可起到缓解作用。

性味归经
性微温，味辛，归脾、肺经。

适宜人群
适宜食欲不佳，经常出现头昏、心悸及胸闷恶心者食用。

营养成分
姜辣素、姜烯、姜油醇、姜油酚等。

功效解析

⊕ 杀菌解毒

生姜中的挥发油有杀菌解毒的作用，家庭主妇若在炒菜时放些生姜，既调味又杀菌。

⊕ 温中散寒

生姜有温中、散寒、止痛的功效。因此，女性着凉、感冒时喝姜汤，能起到很好的预防及缓解作用。

⊕ 抗衰老

生姜所含的姜辣素进入体内后，能产生一种抗氧化酶，能有效抑制氧自由基。所以，女性常吃生姜能抗衰老。

搭配宜忌

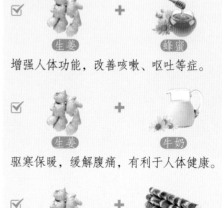

☑ 生姜 ＋ 蜂蜜

增强人体功能，改善咳嗽、呕吐等症。

☑ 生姜 ＋ 牛奶

驱寒保暖，缓解腹痛，有利于人体健康。

☑ 生姜 ＋ 甘蔗

清热生津，和胃止呕，改善胃虚呕吐。

滋补食谱
菠菜姜汁塔

材料： 菠菜400克，姜末150克。

调料： 酱油、醋、盐、鸡精、香油各适量。

做法：

❶ 锅置火上，加入水，待水沸后放入菠菜，余烫至断生，捞出沥干水分，放入深筒形容器内，滴入少许香油，拌匀，压实。

❷ 取一盘子，将容器内的材料扣在盘子上。

❸ 姜末放入碗中，倒入适量开水，浸泡12分钟，然后加入酱油、醋、鸡精和盐调匀，即成姜汁，最后将姜汁淋在菠菜塔上即可。

食疗保健妙方
丝瓜鲜姜饮

材料： 鲜丝瓜300克，鲜姜60克。

做法及用法： 丝瓜洗净，切段；姜洗净，切片，同入水煮1小时。温服，每日2次，每日1剂。

功效： 适用于风热牙痛。

虾

热量：90千卡

虾具有通络、止痛的作用，对女性月经不调者有一定的缓解作用。用虾与大米煮粥喝，对经期出现痛经的女性，有很好的镇痛作用。

性味归经

性温，味甘，归肝、肾经。

适宜人群

适合中老年人及腰脚无力、小腿抽筋者食用。

营养成分

蛋白质、胆固醇、钾、钠、钙、磷、铁、锌、镁、硒、牛磺酸等。

功效解析

➕ 保护心血管

虾营养极为丰富，其中的镁对心脏活动具有重要的调节作用，能很好地保护女性心血管系统。

➕ 补虚

虾的肉质和鱼一样松软，易消化，不失为老年人食用的营养佳品，对健康极有裨益，对女性身体虚弱者是极好的滋补食物。

➕ 通乳

用虾下乳汁，可取虾炒熟，下酒食用，再喝适量猪蹄汤。也可取虾和猪蹄一起煮食。

搭配宜忌

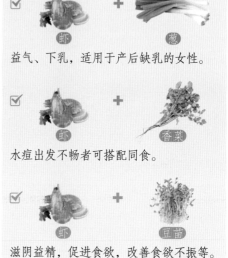

☑ 虾 ＋ 葱

益气、下乳，适用于产后缺乳的女性。

☑ 虾 ＋ 香菜

水痘出发不畅者可搭配同食。

☑ 虾 ＋ 豆苗

滋阴益精，促进食欲，改善食欲不振等。

果律虾球

材料：草虾仁200克，菠萝100克，柠檬1个，白芝麻少许。

调料：A.美奶滋2大匙，白砂糖1大匙；B.干淀粉2大匙，盐少许。

做法：

❶草虾仁略洗，剪掉须和尖端，去肠泥洗净，沥干水分，用盐抓匀腌渍2分钟；柠檬压汁与调料A调匀成酱汁；菠萝去皮切片，装盘垫底。

❷草虾仁裹上淀粉后，入油锅炸2分钟至表面酥脆即可捞起，沥干油。

❸将做法❷的草虾仁淋上做法❶的酱汁，拌匀装入菠萝盘，撒白芝麻，稍点缀即可。

河虾方

材料：鲜河虾180克，黄酒适量。

做法及用法：鲜河虾微炒。每日分3～5次嚼食，以黄酒煨热送服。

功效：适用于产妇乳汁不下或无乳。

改善便秘

糙米

热量：332千卡

糙米是指去掉稻壳的未经精加工的米。糙米中保留了大量膳食纤维，可加速肠道蠕动，软化粪便，预防便秘。压力大、长时间坐着的女性容易出现便秘，可适量吃一些糙米。

性味归经
性平，味甘，归大肠经。

营养成分
蛋白质、维生素B₁、维生素B₂、维生素C、膳食纤维、钙、磷等。

适宜人群
一般人都可食用，尤其适合软骨症、腰膝酸痛、哮喘、动脉粥样硬化、皮肤粗糙、糖尿病、便秘等患者食用。

功效解析

➕ 提高人体免疫力

糙米中米糠和胚芽部分含有丰富的B族维生素和维生素E，能提高女性机体免疫功能，促进血液循环。

➕ 预防心血管疾病和贫血

糙米中钾、镁、锌、铁、锰等矿物质含量较高，有利于女性预防高血压、高血脂等心血管疾病和贫血症。

➕ 预防便秘和肠癌

糙米保留了大量膳食纤维，可促进肠道有益菌增殖，加速肠道蠕动，软化粪便，预防便秘和肠癌。

搭配宜忌

糙米 ＋ 咖啡

改善青春痘、雀斑、皱纹、皮肤粗糙等。

糙米 ＋ 牛奶

润肺、生津、通便、补虚、解毒。

糙米 ＋ 甜椒

防止维生素C被氧化，有益吸收。

（滋补食谱）

山药糙米甜粥

材料： 山药块120克，糙米50克，大米35克，红豆30克。
调料： 白砂糖适量。

做法：

❶糙米、大米、红豆分别洗净，糙米、红豆入清水中浸泡3小时。

❷锅置火上，加入适量清水，然后放入山药块、糙米、大米、红豆，大火煮沸后转小火，煮至材料熟烂、粥稠。

❸最后加白砂糖调味即可。

（食疗保健妙方）

苹果糙米粥

材料： 苹果700克，糙米100克，白砂糖2大匙。

做法及用法： 将苹果洗净，去核，切成2厘米见方的块；糙米洗净，加水浸泡1小时以上。将糙米放入锅内，加入适量清水，用大火煮沸，加入白砂糖、苹果块，再用小火煮30分钟，出锅装碗即成。

功效： 此粥具有消炎止泻的功效，长期服用对慢性肠胃炎有一定疗效。

豇豆

热量：33千卡

豇豆有健脾肾、生津液的功效，特别适合年老女性食用。它含有丰富的膳食纤维，可加速肠蠕动，预防和改善老年性便秘。中老年女性不妨常吃一些。

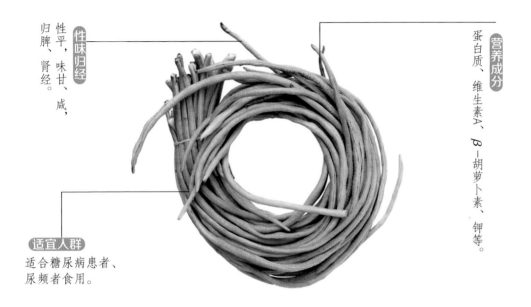

性味归经

性平，味甘、咸，归脾、肾经。

营养成分

蛋白质、维生素A、β—胡萝卜素、钾等。

适宜人群

适合糖尿病患者、尿频者食用。

功效解析

➕ 抗病毒

豇豆中所含的维生素C能促进抗体的合成，提高女性机体抗病毒的功能。

➕ 预防老年性便秘

豇豆所含的大量B族维生素、维生素C与膳食纤维可以帮助加速肠蠕动，起到预防老年性便秘的功效。

➕ 补肾健胃、调理睡眠

豇豆具有健脾和胃、安神促眠的功效，同时还可补肾、止泻，对尿频及一些妇科功能性疾病有辅助疗效。

搭配宜忌

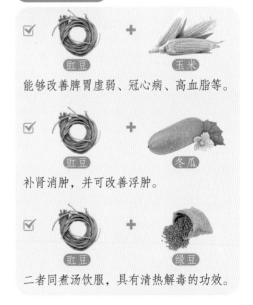

☑ 豇豆 ＋ 玉米

能够改善脾胃虚弱、冠心病、高血脂等。

☑ 豇豆 ＋ 冬瓜

补肾消肿，并可改善浮肿。

☑ 豇豆 ＋ 绿豆

二者同煮汤饮服，具有清热解毒的功效。

姜汁豇豆

材料：豇豆300克，姜1小块，蒜2瓣。

调料：盐适量，红油、生抽各少许。

做法：

❶豇豆去头、尾，洗净，切长段；姜、蒜去皮，洗净，切末。

❷锅内放入水，加入少许盐，烧沸，将切好的豇豆放入沸水中，余烫至七成熟时，捞出，沥水，装入盘中。

❸油锅烧热，放入蒜末、姜末炒香，调入盐、红油、生抽拌匀，再与豇豆拌匀即可。

你问我答

孕妇可以吃豇豆吗？

可以吃。豇豆营养丰富，孕妇怀孕需要格外多的营养，吃豇豆可以补充营养，提高孕妈妈的身体免疫力，增强抵抗力，增进食欲，促进胎儿的健康发育。不过，值得注意的是，豇豆本身带有一定的毒素，孕妇一定要吃熟透了的豇豆才行。

菠菜

热量：28千卡

菠菜含有大量植物膳食纤维，具有促进肠道蠕动、利于排便、帮助消化、预防便秘的作用。

性味归经
性凉，味甘，归大肠、胃经。

营养成分
β—胡萝卜素、维生素A、维生素C、铁、钙、钾、膳食纤维、叶酸等。

适宜人群
适合孕妇、糖尿病患者、老年人、儿童食用。

功效解析

➕ **通肠利便**

菠菜中含有大量植物粗纤维，具有促进肠道蠕动的作用，利于排便。

➕ **促进人体新陈代谢**

菠菜中的矿物质能促进女性新陈代谢，增进身体健康。

➕ **清洁皮肤，抗衰老**

菠菜提取物具有促进培养细胞增殖的作用，既抗衰老又能增强青春活力。以菠菜捣烂取汁，每周洗脸数次，女性连续使用一段时间，可清洁皮肤毛孔，减少皱纹及色素、色斑，保持皮肤光洁。

搭配宜忌

☑ 菠菜 + 猪血

养血止血，敛阴润燥，改善贫血及出血等。

☑ 菠菜 + 鸡蛋

为人体提供丰富营养，增强体质。

☑ 菠菜 + 黄豆

营养全面，益气养血，增智健脑。

菠菜双菇粥

材料： 糙米65克，菠菜25克，蟹味菇20克，鲜香菇片、葱末各少许。

调料： 盐、高汤各适量，白胡椒粉、香油各少许。

做法：

❶糙米洗净，入清水中浸泡4小时；菠菜择洗干净，余烫后切段。

❷油锅置火上，烧热，倒入鲜香菇片爆香后，倒入适量高汤煮开，然后加糙米再煮滚后，转小火，放入蟹味菇煮35分钟，再加盐调味。

❸关火前加入菠菜段、白胡椒粉、香油调味，最后点缀上葱末即可。

驻颜面膜 DIY

菠菜杏仁蜂蜜面膜

适用肤质： 任何肤质
操作指数： ★★★★

材料： 杏仁粉1大匙，菠菜2棵，蜂蜜1小匙。

做法：

❶菠菜洗净，与凉开水一同放入榨汁机中榨成汁。

❷将杏仁粉、蜂蜜加入菠菜汁中，搅拌均匀。

使用方法：

❶洗净脸后，将调好的面膜均匀地敷在脸上，避开眼、唇部皮肤，约15分钟后用清水洗净即可。

❷每周可使用1～2次。

美丽秘语

调制护肤品时需要特别注意材料用量的把握。若营养物质过多，超过皮肤吸收的极限，不但会造成浪费，甚至可能产生脂肪粒。

土豆

热量：77千卡

土豆含有大量膳食纤维，能宽肠通便，帮助机体及时排出代谢毒素，预防便秘及肠道疾病的发生。进入老年的女性，由于消化功能下降，易出现便秘的情况，吃土豆可起到缓解作用。

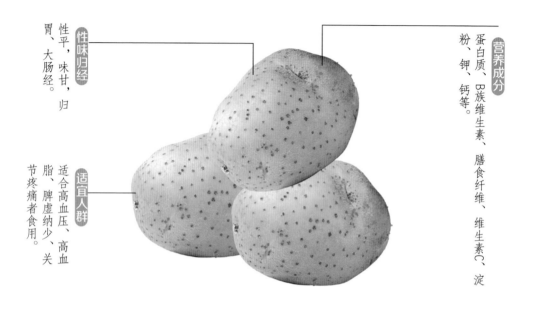

性味归经
性平，味甘，归胃、大肠经。

营养成分
蛋白质、B族维生素、膳食纤维、维生素C、淀粉、钾、钙等。

适宜人群
适合高血压、高血脂、脾虚纳少、关节疼痛者食用。

功效解析

➕ **保持血管的弹性**

土豆能供给人体大量有特殊保护作用的黏液蛋白。能预防心血管系统的脂肪沉积，有利于女性预防动脉粥样硬化。

➕ **美容养颜**

土豆有利于调节体内酸碱平衡，中和体内代谢后产生的酸性物质，从而起到一定的美容、抗衰老作用。

➕ **补充营养，利水消肿**

土豆含有丰富的维生素及钙、钾等元素，且易于消化吸收，有利于肾炎水肿等女性患者的康复。

搭配宜忌

☑ 土豆 ＋ 牛肉

保护胃黏膜，有助于身体健康。

☑ 土豆 ＋ 大米

提高氨基酸的利用率，增强营养。

☒ 土豆 ＋ 绿豆

引起严重腹泻，影响人体健康。

土豆火腿沙拉

材料：土豆2个，火腿丁、洋葱丁各50克。

调料：盐、黄油、番茄酱各适量。

做法：

❶将土豆去皮洗净，切成小块。

❷将土豆块煮熟，压成泥，加盐搅拌均匀。

❸锅内加黄油加热，熔化后放入洋葱丁炒香，倒入火腿丁略炒，盛出放凉。

❹将所有材料拌匀，装在碗中压实，扣入盘中，淋上番茄酱即可。

驻颜面膜 DIY

土豆蛋奶保湿面膜

适用肤质：中性肤质、干性肤质

操作指数：★★★

美丽秘语

油性肤质的女性可将蛋黄换成蛋清来制作本款面膜。

材料：牛奶半杯，土豆1个，鸡蛋1枚。

做法：

❶土豆洗净、去皮、磨碎后放入面膜碗中。

❷用过滤勺分离蛋清与蛋黄，取蛋黄和磨碎的土豆混合，加入牛奶，用搅拌筷搅拌成糊状，稍微加热后继续搅拌均匀即可。

使用方法：

❶洗净脸后，将调好的面膜轻轻涂抹在脸上，避开眼部及唇部皮肤，约15分钟后用温水洗净。

❷每周可使用1~2次。

油菜

热量：25千卡

油菜含有大量的膳食纤维，能促进肠道蠕动，缩短粪便在肠道停留的时间，从而起到缓解和改善便秘、预防肠道肿瘤的作用。久坐办公室的女性易患便秘，可吃油菜进行缓解。

性味归经
性凉，味甘，归肝、脾、肺经。

适宜人群
适合口腔溃疡、牙龈出血、牙齿松动、瘀血腹痛、癌症患者食用。

营养成分
维生素A、β-胡萝卜素、维生素C、膳食纤维、钙、钾等。

功效解析

➕ 降低血脂

油菜为低脂肪蔬菜，且含有膳食纤维，能与胆酸盐、食物中的胆固醇及三酰甘油结合，并从粪便中排出，从而减少脂类的吸收，有助女性降血脂。

➕ 宽肠通便

油菜中含有大量的植物纤维素，能促进肠道蠕动，增加粪便的体积，缩短粪便在肠腔停留的时间，从而帮助女性缓解和改善便秘。

➕ 强身健体

油菜含有大量β-胡萝卜素和维生素C，有助于增强女性机体免疫力。

搭配宜忌

☑ 油菜 + 香菇

润肤养颜、抗衰老，减少脂肪的吸收。

☑ 油菜 + 豆腐

清肺止咳，生津润燥，清热解毒。

☑ 油菜 + 虾仁

有利于人体对钙的吸收，增强抵抗力。

双炒素菜

材料：净白菜帮250克，油菜200克，葱、姜各少许。

调料：鸡汤、水淀粉各1大匙，料酒3小匙，老抽2小匙，白砂糖、盐、味精各适量。

做法：

❶将白菜帮顺纹理切成3厘米长、1厘米宽的条，油菜洗净，葱、姜分别切末。

❷白菜条、油菜分别煮熟，捞出过凉水，沥干。

❸油锅烧热，下入葱末、姜末炝锅，烹入料酒，加入老抽、盐、味精、白砂糖和鸡汤，把白菜条和油菜放入锅中煸炒，煮沸后煨片刻，用水淀粉勾芡，烧熟，盛盘即可。

油菜籽肉桂丸

材料：油菜籽、肉桂各60克，面粉、料酒、醋各适量。

做法及用法：先将以上前2味药共焙干，研细末，加入醋和面粉搅成糊制作丸，如桂圆肉大。每日2次，每次1丸，用料酒送下，连服至愈为止。

功效：适用于慢性盆腔炎症见白带增多者，亦可用于产后恶露不尽、血气刺痛。

梨

热量：50千卡

梨中的果胶含量很高，有助于消化、通利排便、排毒瘦身的作用。由于火气盛而发生便秘的女性，吃一些梨，能使症状得到缓解。

性味归经
性凉，味甘、微酸，归肺、胃经。

适宜人群
适合心脏病、肝炎、口渴、支气管炎、高血压者食用。

营养成分
维生素B₁、维生素B₂、维生素C、维生素A、维生素E、膳食纤维、钾、钙、硒等。

功效解析

➕ **止咳化痰，养护咽喉**

梨所含的苷及鞣酸等成分能止咳化痰，对咽喉有养护作用，对肺结核所导致的咳嗽具有较好的辅助治疗作用。《本草备要》也说，梨"生者清六腑之热，熟者滋五脏之阴"。这都说明，梨有润肺清胃、凉心消热、熄风化火、消痈疽、止烦渴等功效。对消除女性因秋冬季节天气引起的干燥症候，实为不可替代的佳果。

➕ **促进消化，排毒瘦身**

梨中的果胶含量很高，有助于女性消化、通利排便、排毒瘦身。

搭配宜忌

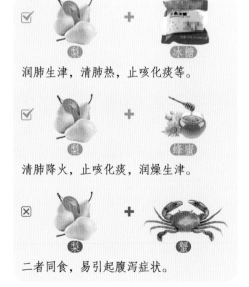

☑ 梨 ＋ 冰糖
润肺生津，清肺热，止咳化痰等。

☑ 梨 ＋ 蜂蜜
清肺降火，止咳化痰，润燥生津。

☒ 梨 ＋ 蟹
二者同食，易引起腹泻症状。

雪梨炖排骨

材料：排骨块150克，雪梨块100克，姜3片，枸杞子30克。

调料：盐1/2匙，糖少许。

做法：

❶排骨块入沸水中汆烫，冲净备用。

❷锅中加入所有材料、调料和水，大火煮沸后以小火炖约1小时即可。

驻颜面膜 DIY

蜂蜜梨汁亮颜面膜

适用肤质：任何肤质

操作指数：★★★★★

材料：梨2个，蜂蜜适量。

做法：

❶梨洗净、去皮、去核，放入榨汁机中，榨取果汁；用无菌滤布将梨果肉滤掉，留取汁液。

❷将蜂蜜加入梨汁中，调匀即可。

使用方法：

❶洁面后，用面膜纸浸透调好的面膜，再均匀地敷在脸上，避开眼睛及唇部周围皮肤，约15分钟后用温水彻底冲洗干净。

❷每周可使用1~2次。

> **美丽秘语**
>
> 由于市售梨皮上大多含有残留农药等，难以清除，因此建议梨去皮后再使用。

李子

热量：38千卡

李子含有丰富的膳食纤维和山梨糖醇，二者能促进肠道蠕动，避免体内堆积毒素，促进排除宿便。常食既能清理肠道，也可使皮肤细腻有光泽。

性味归经
性微温，味苦、酸，归肝、肾经。

营养成分
维生素C、β-胡萝卜素、维生素A、钾、铁、果酸、氨基酸、脯氨酸、丙氨酸、苏氨酸等。

适宜人群
适合发热、口渴、虚劳骨蒸、肝病腹水、慢性肝炎者，教师、演员音哑或失音者食用。

功效解析

✚ 增进食欲，助消化

李子能促进胃酸和胃消化酶的分泌，有增加肠胃蠕动的作用，为胃酸缺乏、食后饱胀、大便秘结女性的食疗佳品。

✚ 清理肠道，排毒养颜

李子所含的纤维素和山梨糖醇能促进排便，避免体内堆积毒素，对于清理肠道非常有帮助，可使女性皮肤细腻有光泽。

✚ 改善贫血症状

李子富含β-胡萝卜素和铁元素，可以显著地改善女性贫血、头晕等症状。

搭配宜忌

李子 ☑ + 冰糖

将李子与冰糖同炖，有润喉开音的作用。

李子 ☒ + 鸡蛋

李子与鸡蛋同食，易引起中毒。

李子 ☒ + 鸡肉

二者同时食用，会影响营养的吸收。

李子甘蓝薄荷汁

材料： 李子4个，薄荷6片，西红柿1个，紫甘蓝丝1碗。

调料： 果糖适量。

做法：

❶所有材料均洗净。李子去核后切成小块；西红柿去皮后切块。

❷将李子块、西红柿块和紫甘蓝丝放入榨汁机中，加入果糖、薄荷、200毫升凉开水打至细密，再加入100毫升凉开水打匀即可。

驻颜面膜 DIY

牛奶李子仁保湿面膜

适用肤质：各种肤质

操作指数：★★★★★

材料： 奶粉3大匙，李子仁粉2小匙，蜂蜜半大匙。

做法：

❶在李子仁粉中加入少许水，调成糊状。

❷将奶粉与蜂蜜加入李子仁糊中，充分搅拌均匀即可使用。

使用方法：

❶洁面后，将本款面膜均匀地涂抹在脸部，避开眼睛及唇部四周，然后将保鲜膜覆盖在涂好面膜的脸上，10～15分钟后，取下保鲜膜，用清水冲洗干净即可。

❷每周使用1～2次。

美丽秘语

李子仁粉可以用杏仁粉代替。

缓解更年期症状

小麦

热量：339千卡

小麦皮含有大量的维生素B₁和蛋白质，有除烦解热、安定神经的功效。故更年期女性食用小麦能在一定程度上缓解更年期综合征的症状。

性味归经
性微寒，味甘，归心、脾、肾经。

营养成分
碳水化合物、蛋白质、钾、磷、钙等。

适宜人群
一般人群均适宜食用。

功效解析

➕ 抗老防衰

小麦胚芽油中含有丰富的维生素E，具有美容护肤的作用，可促进皮肤血管的血流畅通，防止皮脂氧化，抑制女性因过氧化脂质而起的皱纹和褐斑。

➕ 安定神经

麦麸（即麦皮）含有大量的维生素B₁和蛋白质，有缓和神经的功效，并有除烦解热、润脏腑、安神经以及辅助治疗脚气病、末梢神经炎等效用。更年期女性食用未精制的小麦能有效缓解更年期综合征的症状。

搭配宜忌

☑ 小麦 + 大枣

养心血、健脾胃、止虚汗，改善心慌等。

☑ 小麦 + 山药

改善脾胃虚弱，对身体健康大有裨益。

☒ 小麦 + 枇杷

二者同食，容易生痰，故二者不宜同食。

五谷酸奶汁

材料： 黄豆50克，小米、大米、小麦仁、玉米渣各15克，酸奶200克。

调料： 无。

做法：

❶小麦仁、黄豆分别浸泡2小时，洗净；小米、大米、玉米渣洗净，均浸泡1小时。

❷将上述所有材料倒入豆浆机中，加适量水煮成豆浆；放凉后，加酸奶拌匀即可。

浮小麦大枣汤

材料： 浮小麦30克，大枣10颗，甘草9克，蜂蜜适量。

做法及用法： 将浮小麦、大枣、甘草一同放入砂锅中，加入适量水煎煮，大火煮沸后继续用小火煮10分钟，滤过煎汁，加入蜂蜜即可。每次1剂，每日2次。

功效： 可预防和缓解神经衰弱。

茼蒿

热量：24千卡

茼蒿含有丰富的维生素、β-胡萝卜素及多种人体必需的氨基酸，加上特殊的香味，使茼蒿有养心安神、稳定情绪的作用，有利于处在更年期的女性舒缓焦虑、放松心情。

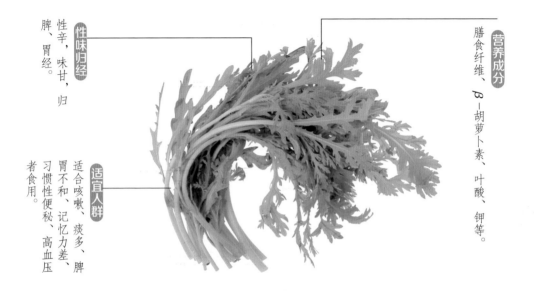

性味归经
性辛，味甘，归脾、胃经。

营养成分
膳食纤维、β-胡萝卜素、叶酸、钾等。

适宜人群
适合咳嗽、痰多、脾胃不和、记忆力差、习惯性便秘、高血压者食用。

功效解析

➕ 消食开胃、通便

茼蒿中含有特殊香味的挥发油及丰富的膳食纤维，具有帮助女性消食开胃、增加食欲、利于排便的作用。

➕ 清血养心、润肺化痰

茼蒿带有的特殊芬芳气味可以帮助女性消痰解郁、清心润肺。

➕ 利尿排毒

茼蒿含有蛋白质、多种氨基酸等物质，能有效调节女性体内水液代谢，进而调节五脏功能，利尿排毒。

搭配宜忌

☑ 茼蒿 ＋ 鸡蛋

促进营养吸收，提高维生素A的吸收。

☒ 茼蒿 ＋ 马齿苋

阻碍人体对茼蒿中所含的钙、铁的吸收。

☒ 茼蒿 ＋ 泥鳅

降低营养价值，且影响消化吸收。

麻香茼蒿

材料：茼蒿200克，干辣椒、花椒各适量，蒜蓉适量。

调料：芝麻酱1大匙，盐少许。

做法：

❶茼蒿洗净，摆盘。

❷用适量凉开水逐渐将芝麻酱调和开，再调入蒜蓉和盐混合均匀，制成蒜香麻酱汁。

❸油锅烧热，倒入干辣椒和花椒炸成炝油。

❹在茼蒿中淋入蒜香麻酱汁和炝油，搅拌均匀即可。

茼蒿蛋清汤

材料：茼蒿300克，鸡蛋2枚（约120克），盐、香油各适量。

做法及用法：

❶将茼蒿择洗干净，切成小段。鸡蛋取蛋清。

❷在锅中加适量清水，把茼蒿放进去，用大火煮至沸腾，然后调入蛋清，改用小火慢慢煮。煮至食物熟透，用盐调味，淋上香油就可以出锅了。

功效：健脾益胃。

芹菜

热量：17千卡

从芹菜籽中分离出的一种碱性成分，有利于安定情绪，消除烦躁。更年期的女性往往感到烦躁不安，而芹菜具有很好的缓解作用，吃一些芹菜可改善相应症状。

性味归经：性凉，味苦，归肝、胃、肺经。

营养成分：膳食纤维、芹菜素、钾、铁、钙、磷等。

适宜人群：适合便秘者食用。

功效解析

➕ **安神，消除烦躁**

芹菜籽中分离出的一种碱性成分，对安定情绪有很好的效果，能够在一定程度上消除烦躁。

➕ **利尿消肿**

芹菜含有利尿成分，可消除体内水钠潴留，利尿消肿。女性以芹菜水煎饮服，可缓解乳糜尿。

➕ **缓解贫血**

芹菜含铁量较高，能补充女性经血的损失，女性食之能避免皮肤苍白、干燥、面色无华，可使目光有神，头发黑亮。

搭配宜忌

☑ 芹菜 + 西红柿

健胃消食，对高血压有辅助食疗功效。

☑ 芹菜 + 牛肉

增加营养价值，滋补、健身、壮骨。

☑ 芹菜 + 羊肉

保护血管，增加骨骼营养，强壮身体。

芹菜蛋皮丝

材料： 芹菜300克，鸡蛋1枚。

调料： 水淀粉1小匙，白砂糖适量，盐、味精各少许。

做法：

❶将芹菜择洗干净，切长段；鸡蛋打散，加入水淀粉搅拌均匀。

❷油锅烧热，倒入蛋液，摊成蛋皮，取出放凉，切成丝。

❸另起一锅，倒入油烧热，放入芹菜段爆炒，然后放入蛋皮丝，同时加入盐、白砂糖、味精翻炒均匀，快速出锅即可。

驻颜面膜 DIY

芦荟芹菜消肿面膜

适用肤质：各种肤质
操作指数：★★★★

材料： 芦荟1段，芹菜1根。

做法：

❶芦荟洗净，去皮；芹菜洗净，切段。

❷将芦荟、芹菜段一同放进榨汁机中，打成泥备用。

使用方法：

❶洁面后，用面膜纸蘸取调好的面膜敷在脸上，静置10分钟后，用清水冲洗干净即可。

❷每周可使用1~2次。

美丽秘语

芦荟的用途非常多，如遇到皮肤红肿、蚊虫叮咬、刀伤、烫伤及青春痘等皮肤问题，只要涂抹一些芦荟，就会有所缓解！

豆腐

热量: 82千卡

豆腐含有大量的雌激素——类黄酮, 故多吃豆腐可以很好地补充雌性激素。女性到了一定年纪, 因为雌性激素分泌不足, 易出现更年期综合征, 这时食用豆腐可增加体内激素含量, 改善更年期症状。

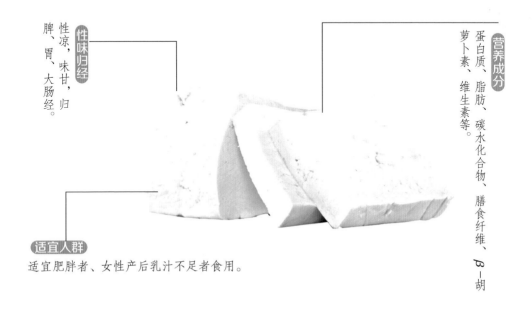

性味归经

性凉, 味甘, 归脾、胃、大肠经。

营养成分

蛋白质、脂肪、碳水化合物、膳食纤维、β-胡萝卜素、维生素等。

适宜人群

适宜肥胖者、女性产后乳汁不足者食用。

功效解析

➕ 预防便秘

豆腐消化吸收性极强。女性到老年, 消化系统功能会逐渐下降, 容易出现便秘, 因此进入老年期的女性平时要多吃豆腐, 可促进消化, 预防便秘。

➕ 减肥

新鲜的豆腐经过冷冻之后会产生一种酸性物质, 而且营养成分也不会遭到破坏, 能够分解人体内堆积的脂肪, 有助于减肥。因此, 想要减肥的女性平时应多吃豆腐, 尤其是冻豆腐。

搭配宜忌

☑ 豆腐 + 蛤蜊

滋阴润燥, 利尿消肿, 清热解毒。

☑ 豆腐 + 姜

可润肺, 还可有效缓解咳嗽症状。

☑ 豆腐 + 西葫芦

提高人体免疫力, 可预防病毒性感冒。

酸菜老豆腐

材料： 老豆腐400克，酸菜50克，青辣椒、小米椒各适量。

调料： 盐、味精少许，老抽1大匙。

做法：

❶老豆腐洗净，切长条；酸菜洗净，切碎；青辣椒、小米椒洗净，切圈。

❷油锅烧热，放入老豆腐条煎至金黄，再放入酸菜碎、青辣椒圈、小米椒圈炒匀。

❸炒至熟后，加少许水焖至干，加入少许盐、味精、老抽，起锅装盘即可。

驻颜面膜 DIY

豆腐高效美白面膜

适用肤质：任何肤质

操作指数：★★★★★

材料： 豆腐1块。

做法：

❶将豆腐放入碗中压碎。

❷将压碎的豆腐装在干净的纱布袋中。

使用方法：

❶洗净脸后，用纱布袋揉搓脸部5～10分钟，然后用清水冲洗即可。

❷每周可使用2～3次。

美丽秘语

制作此款面膜时应该选择新鲜的豆腐，尤以北豆腐更佳。

百合

热量：166千卡

百合具有清心除烦、宁心安神、润肺止咳的作用。进入更年期的女性会出现烦闷、头痛、失眠等症状，而百合特殊的凝神安心作用，能够很好地改善这些症状，有助于缓解女性更年期的症状。

性味归经
性平、微寒，味甘、微苦，归心、肺、肝经。

适宜人群
适合肺气肿、慢性支气管炎患者食用。

营养成分
维生素C、烟酸、钾、磷、镁、秋水仙碱等。

功效解析

➕ 美容润肤

百合富含维生素，对促进皮肤细胞新陈代谢有好处。用百合煮粥食用，有一定的美容作用。皮肤干燥的女性也可用百合自制面膜来保养肌肤。

➕ 润燥止咳

百合鲜品含黏液质，具有润燥清热作用，尤其在秋冬季节食用，滋补润燥的效果更佳，是缓解女性肺燥、咳嗽等症的天然食物。

➕ 防癌抗癌

百合含有多种生物碱，能升高血中白细胞，预防白细胞减少，还能预防癌症。

搭配宜忌

☑ 百合 ＋ 莲子

养肺润燥、补气，适宜长期抽烟的人同食。

☑ 百合 ＋ 藕

养血生肌，润肺止咳，安神，补益脏腑。

☑ 百合 ＋ 桂圆

改善心血不足引起的失眠及妊娠不适。

西兰花炒百合

材料：西兰花300克，百合、胡萝卜、蒜泥各少许。

调料：盐、白砂糖、味精各适量。

做法：

❶百合洗净；胡萝卜去皮，洗净，切片；西兰花洗净，切朵。

❷锅中加水烧沸，加少许白砂糖，将西兰花、胡萝卜、百合分别放入沸水中余烫，捞出沥干水分。

❸油锅烧热，放入蒜泥爆香，倒入西兰花朵、胡萝卜片、百合快速翻炒至西蓝花八成熟时，加盐、味精炒匀即可。

驻颜面膜 DIY

薏米百合蜜浆美白面膜

适用肤质：油性肤质
操作指数：★★★★

材料：薏米2大匙，干百合、蜂王浆各1大匙。

做法：

❶薏米、干百合均洗净，沥干。

❷将薏米、干百合放入锅中，加入适量纯净水，用小火煮至稀稠状。加入蜂王浆搅拌均匀，冷却即可。

使用方法：

❶洁面后，用面膜刷将调好的面膜涂在脸上，避开眼、唇部皮肤，约15分钟后用清水洗净即可。

❷每周可使用1~2次。

美丽秘语

蜂王浆不仅可用于制作面膜，还可食用。但不适合那些对花粉过敏者食用，低血糖者也不宜多食。

莲子

热量：350千卡

莲子同百合一样，具有养心、安神的作用。对于更年期的女性来说，将莲子、百合与大米煮粥食用，是一个很好的选择。

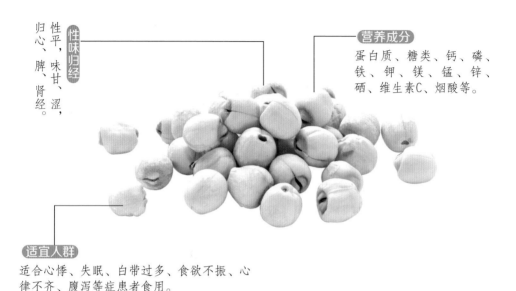

性味归经
性平，味甘、涩，归心、脾、肾经。

营养成分
蛋白质、糖类、钙、磷、铁、钾、镁、锰、锌、硒、维生素C、烟酸等。

适宜人群
适合心悸、失眠、白带过多、食欲不振、心律不齐、腹泻等症患者食用。

功效解析

➕ 健脑，增强记忆力

中老年女性特别是脑力劳动者经常食用，可以健脑、增强记忆力、提高工作效率，并能预防老年痴呆的发生。

➕ 强心，祛心火，有助于睡眠

莲子心味道极苦，却有显著的强心作用，能扩张外周血管、降低血压，还能祛心火、缓解口舌生疮，并有助于女性睡眠。

➕ 美容

莲子是高级美容食品，具有养心益肾、补脾涩肠、轻身驻颜、乌须黑发的功效，自古即被做成女性美容食物或夏天的高级菜肴。

搭配宜忌

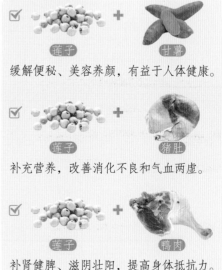

☑ 莲子 ＋ 甘薯

缓解便秘、美容养颜，有益于人体健康。

☑ 莲子 ＋ 猪肚

补充营养，改善消化不良和气血两虚。

☑ 莲子 ＋ 鸭肉

补肾健脾、滋阴壮阳，提高身体抵抗力。

滋补食谱
莲子猪蹄汤

材料：猪蹄、藕各400克，莲子20颗，大枣12颗，陈皮10克，姜片适量。

调料：盐适量。

做法：

❶ 莲子、陈皮洗净；大枣洗净，去核；藕洗净，切块；猪蹄洗净，切块；备好其他食材。

❷ 砂锅加水，大火烧开，放入藕块、猪蹄块、大枣、莲子、陈皮、姜片，烧开后撇去浮沫。

❸ 改用中小火继续煨至猪蹄块熟烂，加盐调味即可。

食疗保健妙方
莲子芯汤

材料：黄花菜、冰糖各15克，莲子芯3克。

做法及用法：将莲子芯、黄花菜一起加水适量煮沸，改小火煮30分钟，加入冰糖，待冰糖溶化即成。每日1次，连服5~7天。

功效：清心热、镇静除烦。

预防骨质疏松

黄豆

热量：390千卡

黄豆中丰富的蛋白质，尤其是胶原蛋白，具有很好的补钙作用，对强健骨骼、预防骨质疏松有很好的作用。中老年女性不妨平时多吃一些黄豆，以便有效预防骨质疏松的发生。

性味归经
性平，味甘，归脾、胃经。

适宜人群
适合高血压、糖尿病患者食用。

营养成分
β-胡萝卜素、维生素A、烟酸、维生素E、蛋白质、卵磷脂、钾、磷、钙、镁、铁、硒、锌、亚油酸、亚麻酸等。

功效解析

➕ 延缓衰老

经常食用黄豆及豆制品之类的高蛋白食物，能营养皮肤、肌肉和毛发，使女性皮肤润泽细嫩，富有弹性，毛发乌黑而光亮，使人延缓衰老。

➕ 预防高血压

黄豆中的亚油酸具有降低血液中胆固醇的作用，可帮助女性预防高血压、冠心病、动脉粥样硬化等。

➕ 改善大脑功能

黄豆中所含的卵磷脂是大脑细胞组成的重要部分，常吃黄豆对增强和改善女性大脑功能，缓解更年期综合征有一定功效。

搭配宜忌

✓ 黄豆 + 牛排骨

补血，益肾壮骨，补中益气，利尿消肿。

✓ 黄豆 + 蜂蜜

补血，缓肝气，健胃，通血脉，消水肿。

✗ 黄豆 + 核桃

易引起腹胀甚至中毒。

黄豆排骨蔬菜汤

材料：排骨450克，黄豆50克，西兰花20克，香菇4朵。

调料：盐适量。

做法：

❶将黄豆洗净，香菇去蒂洗净切半，西兰花剁朵洗净。

❷排骨洗净，剁小块，放入沸水锅中，氽烫以去血水。

❸将黄豆、排骨放入锅中加水煮，大火烧开后转小火，约煮1小时，再放入香菇、西兰花、盐，煮到水滚后即可熄火。

驻颜面膜
DIY

薏米黄豆祛痘面膜

适用肤质：油性肤质、混合性肤质
操作指数：★★★★★

材料：薏米粉3小匙，黄豆粉1大匙。

做法：

❶将薏米粉、黄豆粉均放入面膜碗中。

❷加入适量清水，将其调成糊状即可。

使用方法：

❶洗净脸后，将调好的面膜均匀地涂在脸上，避开眼、唇部皮肤，约15分钟后用清水洗净即可。

❷每周可使用1~2次。

美丽秘语

薏米粉不仅可以用于制作面膜，还可食用。但是如果是在经期，建议不要食用，因为它性凉，经期食用易引发月经失调等症。

黑豆

热量：401千卡

黑豆中含有丰富的异黄酮，对减少骨质流失、增强机体对钙的吸收、增强骨骼密度有很好的作用，能有效预防骨质疏松。女性尤其需要多吃一些黑豆等豆类来预防骨质疏松。

性味归经
性平，味甘，归心、肝、肾经。

营养成分
蛋白质、脂肪、膳食纤维、皂角苷、钾、钙、镁、硒、锌、磷、铁、铜、锰、维生素E、不饱和脂肪酸等。

适宜人群
适合动脉粥样硬化、便秘、血管疾病、水肿、更年期综合征等症患者食用。

功效解析

➕ **防止便秘**

　　黑豆中粗纤维含量高达4%，女性常食黑豆可促进消化，防止便秘发生。

➕ **延缓衰老**

　　黑豆含有丰富的维生素E，能清除体内的自由基，减少女性皮肤皱纹，达到养颜美容、保持青春的目的。黑豆皮还含有花青素，花青素是很好的抗氧化剂来源，能清除体内自由基，尤其是在胃的酸性环境下，抗氧化效果好，可养颜美容、减少皮肤皱纹、保持青春健美。

搭配宜忌

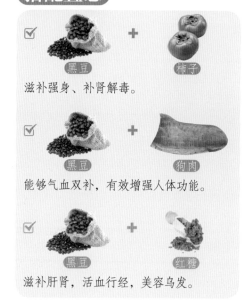

☑ 黑豆 ＋ 柿子

滋补强身、补肾解毒。

☑ 黑豆 ＋ 狗肉

能够气血双补，有效增强人体功能。

☑ 黑豆 ＋ 红糖

滋补肝肾，活血行经，美容乌发。

双色豆粥

材料：红豆75克，黑豆75克。

调料：无。

做法：

❶红豆、黑豆分别洗净，入开水中浸泡8小时。

❷锅置火上，以水和豆为5∶1的比例，加入水和红豆、黑豆，大火煮沸后，关火，盖上盖闷5小时左右。

❸开小火，煮1小时，煮至豆子熟烂即可。

胆汁蒸黑豆

材料：猪胆1个，黑豆25克。

做法及用法：将猪胆刺破，取胆汁，黑豆洗净泡入胆汁中，盖上盖，隔水蒸熟，每日早、晚各服15粒黑豆，最好不用糖，可用白开水送服。

功效：可以有效缓解便秘等不适症状，对于因便秘等原因导致的痔疮有很好的缓解作用。

栗子

热量：189千卡

栗子含有丰富的维生素C和不饱和脂肪酸等物质，能够维持牙齿、骨骼的正常功能，常食能有效预防骨质疏松和改善筋骨疼痛、乏力等症状，是女性首选的强健筋骨的优质保健食物之一。

性味归经
性温，味甘，归脾、胃、肾经。

适宜人群
适合冠心病、骨质疏松及肾虚、大便溏泄等患者食用。

营养成分
淀粉、蛋白质、脂肪、葡萄糖、不饱和脂肪酸、B族维生素、维生素C、β－胡萝卜素等。

功效解析

➕ 舒筋活络，保养肠胃

女性常食栗子能缓解腰腿疼痛、舒筋活络，并且具有益气健脾、厚补肠胃的作用。

➕ 延缓人体衰老

栗子含有丰富的维生素C，能够维持牙齿、骨骼、血管、肌肉的正常功能，可以预防和改善筋骨疼痛、乏力等症状，是女性延缓衰老的保健佳品。

➕ 止痛止血

生栗子捣烂如泥，敷于患处，可缓解女性跌打损伤、筋骨肿痛，而且有止血止痛、吸收脓毒的作用。

搭配宜忌

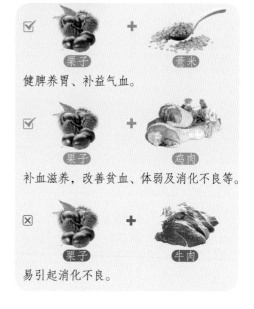

☑ 栗子 ＋ 薏米
健脾养胃、补益气血。

☑ 栗子 ＋ 鸡肉
补血滋养，改善贫血、体弱及消化不良等。

☒ 栗子 ＋ 牛肉
易引起消化不良。

红酒栗仁烩鸡

材料： 鸡肉800克，洋葱块、西芹块、胡萝卜块各适量，栗子仁100克，蒜2瓣，姜2片。

调料： 番茄酱2大匙，香叶2片，红葡萄酒200毫升，盐少许。

做法：

❶鸡肉洗净，剁块；蒜拍破；鸡肉块入沸水中氽烫5分钟捞出沥水。

❷油锅烧热，爆香洋葱块、蒜和姜片，放入番茄酱略炒，随后放入剩余材料，再倒入红葡萄酒炒匀。

❸加入盐、适量水和香叶，大火烧沸后，转小火煲煮30分钟即可。

驻颜面膜
DIY

栗子蜂蜜祛皱面膜

适用肤质： 中性肤质
操作指数： ★★★★★

材料： 栗子4个，蜂蜜1小匙。

做法：

❶将栗子去壳，蒸熟，捣烂成泥。

❷将蜂蜜加入栗子泥中，充分搅拌均匀即可。

使用方法：

❶洗净脸后，将调好的面膜均匀地涂抹在脸部，避开眼、唇部皮肤，约15分钟后用温水洗净即可。

❷每周可使用1~3次。

> **美丽秘语**
>
> 选购栗子的时候不要一味追求果肉的色泽金黄。很多时候，金黄色的果肉有可能是经过化学处理过的，对人体有很大的危害，最好不要购买。

南瓜

热量：23千卡

南瓜是高钙、高钾、低钠食物，吃南瓜能促进钙的吸收，尤其对中老年女性来说，是一种非常好的补钙食物，能有效预防骨质疏松。

性味归经
性温，味甘，归脾、胃经。

适宜人群
适合高脂血症、高血压、冠心病患者食用。

营养成分
果胶、甘露醇、维生素A、锌、钾、钴、β-胡萝卜素等。

功效解析

➕ 降低血糖，缓解糖尿病

南瓜含有丰富的钴，钴能加快人体的新陈代谢，促进造血功能，并参与人体内维生素B$_{12}$的合成，对缓解女性糖尿病有特殊的疗效。

➕ 促进生长发育

南瓜中含有丰富的锌，锌能参与人体内核酸、蛋白质的合成，是肾上腺皮质激素的固有成分，为生长发育的重要物质。

➕ 消除致癌物质

南瓜能消除致癌物质亚硝胺的突变作用，有防癌功效，并能帮助女性肝、肾功能的恢复，增强肝、肾细胞的再生能力。

搭配宜忌

☑ 南瓜 + 芦荟

营养丰富，美白、抗衰老、减肥。

☑ 南瓜 + 大枣

营养丰富，补中益气、收敛肺气。

☑ 南瓜 + 莲子

增强人体功能，抗高血压等症。

204

栗子南瓜鲫鱼汤

材料： 鲫鱼1条，南瓜块300克，小米、栗子各200克，银耳20克，陈皮少许。

调料： 盐少许。

做法：

❶栗子去壳去皮，洗净后沥干；小米、银耳浸透，洗净；备好其他食材。

❷鲫鱼剖净后抹干，油锅烧热，放入鲫鱼煎至两面微黄后盛起。

❸锅中加清水，大火烧开，放入银耳、陈皮、小米、栗子和南瓜块稍煮。放入鲫鱼，以中小火煲约1小时，放盐调味即可。

驻颜面膜
DIY

绿茶南瓜祛痘面膜

适用肤质： 油性、混合性肤质
操作指数： ★★★★

美丽秘语

若没有用完，可用密封玻璃器皿放入冰箱内冷藏。

材料： 绿茶粉2大匙，南瓜、豆腐各4小块，西红柿半个。

做法：

❶南瓜洗净，去皮、去籽，放在锅里蒸软；西红柿洗净，切成条备用。

❷将南瓜、豆腐、绿茶粉一同放进搅拌器内，加入西红柿条搅拌均匀成糊状即可。

使用方法：

❶洗完脸后，将调好的面膜敷在面部，避开眼、唇部皮肤，用手轻轻按摩，约15分钟后用温水洗净即可。

❷每周可使用1~2次。

预防女性癌症

菜花

热量：312千卡

菜花含有一种叫作"索弗拉芬"的化合物，它能刺激细胞制造抗癌活性酶，使细胞形成对抗外来致癌物侵蚀的膜，可预防多种癌症。尤其是对预防和缓解乳腺癌效果尤佳。

性味归经

性平，味甘，归肾、脾、胃经。

营养成分

维生素C、类β－胡萝卜素、膳食纤维、钾、磷等。

适宜人群

适合免疫力较弱及易感冒者，容易上火、便秘者食用。

功效解析

➕ **预防感冒和坏血病**

女性多吃菜花会使血管壁加强，不容易破裂。丰富的维生素C含量使菜花可增强肝脏解毒能力，并能提高机体的免疫力，预防感冒和坏血病的发生。

➕ **增强人体免疫力**

菜花的维生素C含量极高，不但有利于女性的生长发育，更重要的是能提高人体免疫功能，促进肝脏解毒，增强人体免疫力。

搭配宜忌

✅ 菜花 ＋ 鸡蛋

开胃益脾，促消化，抗衰老。

✅ 菜花 ＋ 猪肉

营养丰富，强身健体、滋阴润燥。

✅ 菜花 ＋ 鸡肉

解毒、益气、延缓衰老，提高免疫力。

（滋补食谱）

口蘑香炒菜花

材料： 菜花1个，口蘑50克，青椒、红甜椒各15克，蒜2瓣。

调料： 料酒1小匙，上汤、花生酱、牛油、鸡精、三花淡奶、玉米淀粉各1大匙。

做法：

❶ 菜花去根，切朵；口蘑切片；青椒、红甜椒分别洗净，切片；蒜切片。

❷ 菜花朵与口蘑片下沸水中余烫透，捞出沥干。

❸ 油锅烧热，爆炒蒜片、青椒片、红甜椒片。

❹ 下入菜花朵、口蘑片，烹入料酒，加入上汤，烧开后加入花生酱、牛油、鸡精烧至汁稠。

❺ 加三花淡奶，用玉米淀粉勾芡，淋明油即可。

（食疗保健妙方）

益气止咳方

材料： 菜花、百合各150克，杏仁、冬虫夏草、鸡蛋、盐、鸡精、水淀粉各适量。

做法及用法： 起锅前打入鸡蛋，再将所有材料放入锅内，加适量水、水淀粉煲汤，煮至烧开，酌加调料即可。

功效： 用于肺气不足、肾不纳气引起的咳嗽气短、痰喘乏力，消瘦乏力等症。

白萝卜

热量：23千卡

白萝卜含有的木质素能提高巨噬癌细胞的活力。此外，白萝卜所含的多种酶能分解致癌的亚硝酸胺，有防癌抗癌的作用。女性常食，对预防乳腺癌等有非常好的作用。

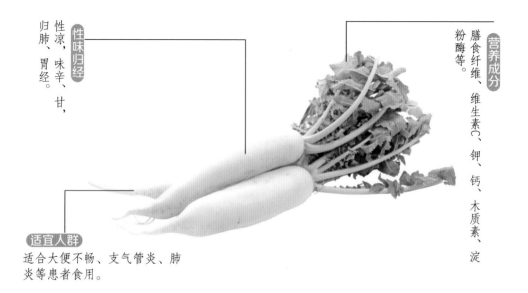

性味归经
性凉，味辛、甘，归肺、胃经。

营养成分
膳食纤维、维生素C、钾、钙、木质素、淀粉酶等。

适宜人群
适合大便不畅、支气管炎、肺炎等患者食用。

功效解析

➕ **生津止渴**

白萝卜中含有较多的水分，女性食用后可以增加口腔中唾液的分泌量，起到生津止渴的作用。

➕ **清热化痰**

白萝卜中含有的芥辣油不仅可帮助女性消化，而且可消除人体内热，具有清热化痰的作用。

➕ **增强机体免疫力**

白萝卜含丰富的维生素C和微量元素锌，有助于女性提高抗病能力。

搭配宜忌

☑ 白萝卜 ＋ 牛肉

补五脏、益气血，改善消化不良。

☑ 白萝卜 ＋ 猪肉

生津开胃，化痰顺气，健脾胃，润肌肤。

☑ 白萝卜 ＋ 鸡肉

温中益气，益五脏，缓解食积胀满。

滋补食谱
萝卜蛏子汤

材料：蛏子300克，白萝卜150克，葱段、姜片、蒜末各适量。

调料：料酒、盐、味精、鲜汤、胡椒粉各适量。

做法：

❶白萝卜削皮，切细丝；蛏子洗净，放入淡盐水中泡2小时；备好其他食材。

❷蛏子放入沸水中氽烫，捞出，取出蛏子肉。

❸油锅烧热，放葱段、姜片爆香后放白萝卜丝。

❹倒入鲜汤，加料酒、盐烧开，放入蛏子肉、味精再烧开，盛出，撒蒜末、胡椒粉即可。

食疗保健妙方
羊肉萝卜羹

材料：净羊肉块250克，白萝卜片70克，高良姜、草果、荜拨、陈皮、胡椒各5克，葱白段、生姜碎各少许，盐、味精各适量。

做法及用法：白萝卜片与高良姜、草果、荜拨、陈皮一同用纱布包好。将全部用料放入砂锅内，加水适量，大火烧沸后撇去浮沫，改用小火炖至熟烂。每日1剂。

功效：补肾健脾。用于肾阳虚所致的产后腹痛，症见畏寒发冷、感寒即加重等。

竹笋

热量：23千卡

竹笋含有镁等多种防癌元素，此外，其膳食纤维含量较高，蛋白质的类型良好，脂肪含量低，对女性预防乳腺癌有很好的作用。

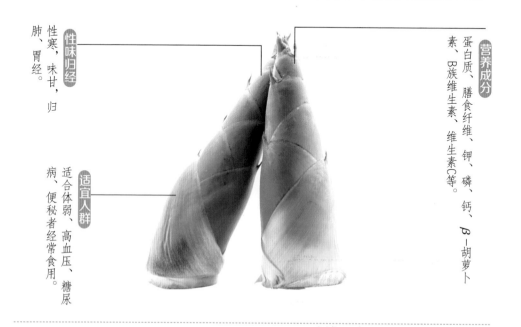

性味归经 性寒，味甘，归肺、胃经。

营养成分 蛋白质、膳食纤维、钾、磷、钙、β-胡萝卜素、B族维生素、维生素C等。

适宜人群 适合体弱、高血压、糖尿病、便秘者经常食用。

功效解析

➕ 缓解和改善消化不良

竹笋独有的清香，具有帮助女性开胃、促进消化、增强食欲的作用，可用于缓解和改善消化不良、脘痞纳呆等。

➕ 预防肠癌

竹笋因纤维素含量较高，蛋白质的类型良好，脂肪含量低，有助女性促进肠道蠕动、帮助消化，是预防肠癌的佳蔬。

➕ 减肥

竹笋富含B族维生素等营养素，具有低脂肪、低糖、多纤维的特点，本身可吸附大量的油脂。肥胖的女性如果经常吃竹笋，可以达到减肥目的。

搭配宜忌

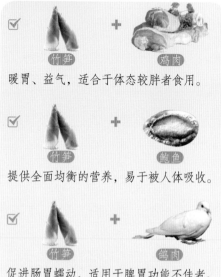

☑ 竹笋 ＋ 鸡肉

暖胃、益气，适合于体态较胖者食用。

☑ 竹笋 ＋ 鲍鱼

提供全面均衡的营养，易于被人体吸收。

☑ 竹笋 ＋ 鹌鹑肉

促进肠胃蠕动，适用于脾胃功能不佳者。

酸辣脆笋

材料： 竹笋300克，红甜椒、泡椒、葱各适量。

调料： 盐、味精、白醋、香油各少许。

做法：

❶竹笋洗净，氽烫后捞出，切条；红甜椒洗净，切丝，氽烫；泡椒切段；葱洗净，切段。

❷竹笋条、红甜椒丝、泡椒段、葱段同拌，调入盐、味精、白醋拌匀，淋入香油即可。

红豆绿豆竹笋汤

材料： 红豆、绿豆各100克，竹笋30克。

做法及用法： 将红豆、绿豆、竹笋分别洗净，放入锅中，加清水500毫升，大火煮开3分钟，转小火煮20分钟，分2次食用，连续服食1周。

功效： 适合关节脱位复位后早期、局部肿胀明显、瘀块不退者食用。

大白菜

热量：18千卡

大白菜富含的微量元素能帮助分解同乳腺癌相联系的雌激素，因此，常吃大白菜能降低女性乳腺癌的发生率。

性味归经
性平，味甘，归大肠、胃经。

适宜人群
适合心血管疾病患者食用。

营养成分
维生素C、β－胡萝卜素、钙、钾、膳食纤维等。

功效解析

➕ 护肤养颜

大白菜中含有丰富的维生素C、维生素E，女性多吃大白菜可以起到很好的护肤和养颜功效。

➕ 预防肠癌

大白菜含有丰富的粗纤维，不但能起到润肠、促进排毒的作用，还能刺激肠胃蠕动，促进大便排泄，帮助女性消化，对预防肠癌有良好作用。

➕ 降低女性乳腺癌发病率

大白菜中有一些微量元素，它们能帮助分解同乳腺癌相联系的雌激素，因此，常吃大白菜能降低女性乳腺癌的发病率。

搭配宜忌

☑ 白菜 ＋ 鳜鱼

二者同食，增强对人体的补益效果。

☑ 白菜 ＋ 栗子

养胃、利水、强健身体，增强身体抵抗力。

☑ 白菜 ＋ 黄豆

有效地预防乳腺癌，非常适合女性食用。

醋熘辣白菜

材料：白菜350克，干辣椒段、姜片各适量。

调料：料酒、醋、水淀粉、老抽、盐各适量。

做法：

❶白菜洗净，取梗切成斜片。

❷油锅烧热，放入白菜煸至断生，盛出，控干水分。

❸另取油锅烧热，放入干辣椒段、姜片炒香，下入白菜翻炒几下，烹入料酒、醋、老抽、盐调味，加入水淀粉勾芡即可。

大白菜根红糖饮

材料：大白菜根300克，生姜3片，红糖60克。

做法及用法：将大白菜根洗净，与生姜、红糖同煮，热饮。

功效：此饮有解毒、散风寒之功效，可缓解和改善外感风寒之邪引起的恶寒、发热、头痛、无汗、恶心等。

豆浆

热量：21千卡

豆浆含有的大豆异黄酮、大豆蛋白等可以有效补充人体内所需的雌激素，对预防女性的乳腺癌、子宫癌等有显著作用。

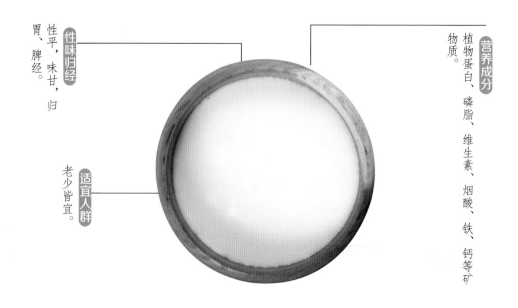

性味归经
性平，味甘，归胃、脾经。

营养成分
植物蛋白、磷脂、维生素、烟酸、铁、钙等矿物质。

适宜人群
老少皆宜。

功效解析

➕ **美白养颜**

豆浆含有的营养成分，可促进女性体内激素分泌。每日坚持喝一杯豆浆，可以起到美白养颜、消除暗沉的效果。

➕ **提高脑功能**

豆浆含有的镁、钙元素，有助于女性降低脑血脂，对预防脑梗死、脑出血的发生有明显的作用。

➕ **保暖、热身**

豆浆所含的蛋白质，具有增热、暖身的作用。由于血液循环不良造成低体温、低代谢的女性，常喝豆浆可暖身。

搭配宜忌

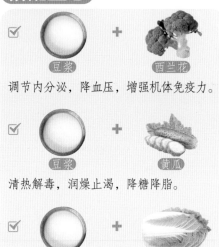

☑ 豆浆 ＋ 西兰花

调节内分泌，降血压，增强机体免疫力。

☑ 豆浆 ＋ 黄瓜

清热解毒，润燥止渴，降糖降脂。

☑ 豆浆 ＋ 白菜

维持营养平衡，全面调节内分泌系统。

油菜菠萝豆浆汁

材料： 油菜1/3棵，菠萝（果肉）75克，豆浆半杯。

调料： 无。

做法：

❶将油菜的根切除，洗净，切成适当大小；菠萝洗净后切成块。

❷将所有材料倒入榨汁机中搅打成汁，并搅拌均匀即可。

驻颜面膜
DIY

香蕉苹果豆浆面膜

适用肤质：任何肤质

操作指数：★★★★

> **美丽秘语**
> 苹果既能减肥，又可使皮肤润滑柔嫩。

材料： 青香蕉1根，苹果半个，薏米粉1大匙，蜂蜜1小匙，无糖豆浆半杯。

做法：

❶青香蕉（连皮）洗净；苹果洗净、去皮、去心，与香蕉一同放入榨汁机中。

❷将无糖豆浆一起加入榨汁机中，榨取汁液，滤掉大块杂质，再加入蜂蜜、薏米粉调匀即可。

使用方法： 洗净脸后，将调好的面膜均匀地敷在脸上，避开眼、唇部皮肤，约15分钟后用清水洗净即可。每周可使用1～2次。

酸奶

热量：72千卡

酸奶所含的双歧乳杆菌在发酵过程中会产生醋酸、乳酸和甲酸，能抑制硝酸盐还原菌，阻断致癌物质亚硝胺的形成。女性平时多喝一些酸奶，可起到预防癌症的作用。

性味归经
性平，味甘，归脾、肺、胃经。

营养成分
蛋白质、钾、钙、磷、铁、锌、B族维生素等。

适宜人群
适宜吸烟者、电脑工作者、萎缩性胃炎患者、经常饮酒者、习惯性便秘者、骨质疏松患者饮用。

功效解析

⊕ 促进消化吸收

酸奶中含有大量的乳酸和有益于人体健康的活性乳酸菌，有利于人体消化吸收，激活胃蛋白酶，增强消化功能，提高女性对矿物质元素钙、磷、铁的吸收率。

⊕ 调节肠道

乳酸菌能分解牛奶中的乳糖而形成乳酸，使肠道趋于酸性，抑制易在中性或碱性环境中生长繁殖的腐败菌，适合年老体弱女性常饮。

⊕ 防治骨质疏松

酸奶中含有极易被人所吸收的乳酸钙，对女性防治骨质疏松有一定的益处。

搭配宜忌

☑ 酸奶 ＋ 桃

二者同食营养更全面，对身体更加有益。

☒ 酸奶 ＋ 香蕉

二者同食易产生致癌物质，对健康不利。

☒ 酸奶 ＋ 黄豆

影响人体对酸奶中钙质的消化和吸收。

蜜桃酸奶汁

材料： 水蜜桃2个，胡萝卜半根，西红柿1个，芹菜适量，酸奶半杯。

调料： 无。

做法：

❶所有材料洗净；将胡萝卜、西红柿切块；水蜜桃去核，切块；芹菜切段。

❷将上述材料榨汁后倒入杯中，加入酸奶调匀即成。

驻颜面膜
DIY

甘薯酸奶紧致面膜

适用肤质：油性肤质

操作指数：★★★★

美丽秘语

任何品牌、价钱的酸奶都可用于制作本面膜，建议使用含糖量低的原味酸奶。

材料： 甘薯1个，酸奶1杯。

做法：

❶甘薯去皮，洗净，放入蒸锅蒸30分钟。

❷将软烂的甘薯切成小块后放入榨汁机中，再倒入酸奶，打成糊状，搅拌均匀。

❸将面膜倒入面膜碗中，待冷却后即可。

使用方法：

❶清洁脸部后，涂抹面膜，避开眼、唇部周围皮肤，约10分钟后用温水洗净即可。

❷每周可使用1~2次。

大蒜

热量：128千卡

大蒜富含大蒜素、大蒜辣素等物质，具有强大的消炎杀菌作用，可抑制白色念珠菌在阴道内的过度生长和繁殖。经常食用蒜类食物可预防阴道炎。

性味归经

性温，味辛，归脾、胃、肺经。

营养成分

碳水化合物、维生素C、大蒜素、杨霉素、槲皮素、芹菜素、钾、磷、钙、硒等。

适宜人群

适合心血管疾病、感冒、胃酸缺少、常接触铅或铅中毒者食用。

功效解析

✚ 防癌抗癌

大蒜中的大蒜素等是防癌高手，每种元素都有自己特有的防癌方式，因而造就了大蒜良好的防癌性能。

✚ 消炎杀菌

大蒜辣素和大蒜素对许多细菌都有抵抗作用。某些已具有耐药性的细菌，遇到大蒜都很敏感，尤其对大肠杆菌、痢疾杆菌作用更明显。炎热的夏季是急性菌痢和急性肠炎的多发季节，女性每日吃几瓣生大蒜，可有效预防疾病发生。

搭配宜忌

大蒜 ＋ 生菜

可增强人体功能、清热解毒。

大蒜 ＋ 黑木耳

改善脾胃虚弱、腹泻、毒疮、水肿等。

大蒜 ＋ 莴笋

可清热、降压，改善高血压、高脂血症。

蒜香空心菜

材料： 空心菜1把，蒜2头。

调料： 香油1大匙，白砂糖、盐各1
小匙。

做法：

❶蒜去皮，洗净切末；空心菜洗
净，用手掐成段。

❷锅中加水烧开，放入空心菜，氽
烫后捞出沥干。

❸蒜末放入容器中，依次加入盐、
香油、白砂糖搅匀成汁，淋在空心
菜上，拌匀即可。

驻颜面膜 DIY

蒜蓉蜂蜜净白面膜

适用肤质：任何肤质

操作指数：★★★★

材料： 面粉、蒜、蜂蜜各适量，盐1小匙。

做法：

❶蒜剥掉外皮，洗净，捣成蒜泥，备用。

❷将蜂蜜、盐放入蒜泥中，搅拌均匀后再加入面粉，
充分拌匀即可。

使用方法：

❶充分清洁面部，将面膜均匀地涂在脸上，避开眼部、唇部皮肤，15～20分钟后用
温水清洗干净即可。

❷每周可使用1次。

> **美丽秘语**
>
> 蒜中含有的辣素成分会
> 造成皮肤干燥，因此在
> 制作面膜时应控制好蒜
> 的用量，这样才能达到
> 预期的美容效果。

洋葱

热量：40千卡

洋葱中含有一种植物杀菌素——大蒜素，具有较强的杀菌作用，对女性日常保健有一定的功效，常食对健康非常有益。

性味归经

性温，味辛，归肺、大肠、胃经。

适宜人群

适合高血压、动脉粥样硬化患者食用。

营养成分

前列腺素A、大蒜素、钾、磷、钙、硒、硫化丙烯栎皮黄素等。

功效解析

✚ 抗寒杀菌

洋葱具有发散风寒的作用，是因为洋葱鳞茎和叶子中含有一种被称为硫化丙烯的油脂性挥发物，具有辛辣味，这种物质能帮助女性抗寒，抵御流感病毒，有较强的杀菌作用。

✚ 抗癌、抗衰老

洋葱中含有一种名叫"栎皮黄素"的物质，这是目前所知最有效的天然抗癌物质之一，它能控制癌细胞的生长，从而具有防癌抗癌作用；洋葱所含的微量元素硒是一种很强的抗氧化剂，能增强细胞的活力，具有帮助女性防癌、抗衰老的功效。

搭配宜忌

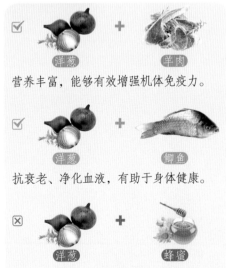

☑ 洋葱 ＋ 羊肉

营养丰富，能够有效增强机体免疫力。

☑ 洋葱 ＋ 鲫鱼

抗衰老、净化血液，有助于身体健康。

☒ 洋葱 ＋ 蜂蜜

产生有毒物质，易致腹泻，损害人体健康。

洋葱炒牛肉

材料：牛肉250克，鸡蛋1枚，洋葱200克，姜15克。

调料：老抽、淀粉、水淀粉各2小匙，料酒1大匙，白砂糖、胡椒粉各1小匙，盐少许。

做法：

❶牛肉、洋葱、姜均切片；备好其他食材。

❷牛肉片用少许盐、部分料酒、淀粉、鸡蛋液拌匀上浆，之后把剩余料酒、老抽、白砂糖、盐、胡椒粉、水淀粉和少许清水调成汁。

❸油锅烧热，放牛肉片、洋葱片滑散，捞出。

❹锅留底油，将姜片、牛肉片、洋葱片同时下锅，烹入调好的味汁炒熟即可。

洋葱炒鸡蛋

材料：洋葱100克，鸡蛋5枚，盐、味精各少许。

做法及用法：洋葱去老皮，切成小块；鸡蛋加盐、味精打匀。油锅烧热，下蛋液炒熟起锅。复上火，下洋葱煸炒，加适量水、盐，炒至洋葱断生，放入鸡蛋再炒片刻即可。

功效：润肺化痰、开胃消食、利尿解毒。

专题二
解读女性"癌症地图"，
拉响防癌警报

乳腺癌

女性的头号杀手

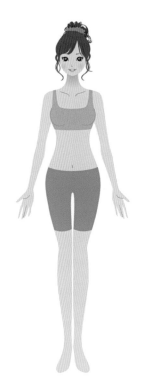

乳腺癌发病率自20世纪70年代末开始一直呈上升趋势。中国不是乳腺癌的高发国家，但情况也不容乐观，近年我国乳腺癌发病率的增长速度高出高发国家1%～2%。以下是乳腺癌的高发人群。

♡ 常用激素类药品、保健品或化妆品的人群。

♡ 乳腺增生多年不愈的人群。且年龄越大、病史越长、肿块越大的人群，越容易发生恶变。

♡ 13岁前月经初潮或绝经晚，独身未育或婚后不育者，未哺乳或哺乳过长的人群。

♡ 反复长期接触各种放射线的人群。

♡ 精神抑郁，性格暴躁，情绪不稳定，经常生气的人群。

癌变信号：出现肿块、乳头改变、乳头溢液

乳腺的外上象限是乳腺癌的好发部位，出现的肿块一般没有疼痛感，仅在一侧出现，形状不规则，较硬。乳头开始回缩、内陷，甚至完全缩入乳晕下。乳腺导管出现问题，导致乳头溢液。

防癌招数：控制饮食+适当运动

高脂肪饮食是乳腺癌的促发"刺激剂"，长期大量摄取脂肪，可刺激癌细胞的增长，同时使得机体的免疫功能降低，就使癌症有了可乘之机。因此，控制饮食是降低乳腺癌的必要措施之一。同样，适量运动也有利于降低乳腺癌的发病率。

饮食方向

◎ 要注意多吃新鲜蔬菜和水果，忌食生葱，蒜，白酒以及辛温、油炸、烧烤、油腻、发霉食物等。

◎ 饮食多样化，营养均衡。

子宫癌
妇科最常见的恶性肿瘤

子宫癌是妇科最常见的恶性肿瘤之一。通常情况下，我们将子宫部位发生的癌症称为子宫癌。子宫癌最常见的类型有两种：子宫内膜癌和子宫颈癌。以下几种女性是子宫癌的高发人群。

♡ 较早开始性生活的女性，如14岁之前开始性生活的人群。

♡ 生孩子较多，或者生孩子时间间隔较短的女性。比如生了五六个孩子，或者连续四年生了3个孩子，等等。

♡ 有妇科病，如宫颈息肉等宫颈类慢性疾病的女性。

♡ 月经期间、坐月子期间卫生不良的女性。

♡ 丈夫有性病、包皮过长、有阴茎癌等疾病的女性。

♡ 35岁以上的已婚女性或家族有病变者。

癌变信号：阴道出血、阴道分泌物增多

不正常的出血是其代表性的症状，有时不光是鲜血，也可能是褐色的、粉色的或混有血液的分泌物。性生活时由于性器官的接触而引起的出血，闭经后的出血都是癌症的重要信号，要及时到妇科检查。

阴道分泌物增多主要是指白带增多，这是子宫颈癌最多见的早期症状，约占患者的80%。

防癌招数：定期检查

对于子宫癌的预防，应该从日常生活中做起，最好晚婚、少育，婚后女性，尤其是有性交出血或月经异常者，应及时到医院进行检查。即使是没有异常情况的女性，也应定期到妇科医院进行检查，比如，30～65岁的女性最好1～2年检查1次，如检查始终阴性，65岁以后可停止普查。

值得注意的是，以上列举的子宫癌高发人群应每年检查。

饮食方向

◎ 不滥用药物，尤其不要滥用性激素类药及有细胞毒性的药物，防止药物致癌危险。

◎ 膳食要注意合理搭配，营养均衡，少吃或不吃油炸、烟熏和腌制食品。多吃新鲜水果和蔬菜，摄取维生素和矿物质类。多吃五谷杂粮和含有植物性蛋白质类食物。

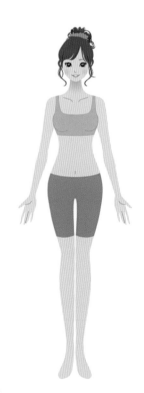

肺癌
对生命威胁最大的癌症

肺癌是发病率和死亡率增长最快，对人群健康和生命威胁最大的癌症之一。近50年来，许多国家都报道肺癌的发病率和死亡率均明显增高。以下几种女性是肺癌的高发人群。

♡ 长期接触石棉、砷化合物、铬化合物、电离辐射、芥子气以及煤烟、焦油和石油中的多环芳羟类物质的女性。

♡ 长期在大气污染环境或者室内环境污染比较严重的环境中居住的女性。

♡ 40岁以上的长期吸烟者。长期接触二手烟的女性。

♡ 有肺癌家族遗传史的女性。

♡ 有肺结核病史、治愈后反复发作的女性。

癌变信号：咳嗽、血痰和胸痛

很多肺癌患者忽视了早期的肺癌症状，以致出现长时间咳嗽、痰中带血、呼吸急促、发烧和胸痛等典型症状时，才到医院就诊，这时肺癌大多数已是中晚期了。可见，了解肺癌的早期症状，对于治疗是十分必要的。

咳嗽很容易与感冒和上呼吸道感染等疾病混淆，如果这些症状持续治疗两周仍不愈，就需要到专科医院做进一步检查。

血痰是肺癌侵犯支气管内的毛细血管造成的，出血量不多，多为痰中带血丝或血点。

胸痛是肿瘤生长在胸膜下或胸腔内引起的局部刺激而诱发的疼痛，多数表现在夜间。

防癌招数：戒烟+早诊断早治疗

肺癌与吸烟息息相关。女性开始吸烟的年龄、吸烟时间、每日吸烟的支数以及香烟种类都与肺癌有着密切的关系，吸烟者肺癌发病率是不吸烟者的10倍，而戒烟可明显降低肺癌发病率。另外，定期到医院进行检查，也是预防肺癌的有效方法之一。

饮食方向

◎ 多吃葱、姜、蒜类食物，对肺癌有一定的防护作用。

◎ 多吃新鲜绿叶蔬菜和水果。如十字花科蔬菜。

◎ 每日摄入膳食纤维和一定水平的维生素。

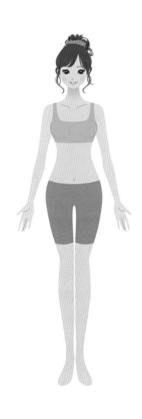

胃癌

发病率很高的癌症

胃癌是我国各种恶性肿瘤中发病率很高的癌症，发病有明显的地域性差别，我国的西北地区与东部沿海地区的胃癌发病率比南方大部分地区明显要高。好发年龄在50岁以上，男女发病率之比为2：1。全世界约35%的胃癌病例发生在中国。以下几种女性是胃癌的高发人群。

♡ 长期膳食营养不均衡，甚至缺乏的女性。
♡ 长期吸烟、饮酒的女性。烟龄、酒龄越长，发病率越高。
♡ 长期在污染比较严重的环境中居住的女性。
♡ 胃癌死亡率与年龄有很大关系，集中在55岁以上人群。55岁以上患者占胃癌患者总数的70%。
♡ 有萎缩性胃炎、胃溃疡、胃息肉等病史，治愈后反复发作的女性。

癌变信号：各种不适症状

从自身的感受与症状变化来识别胃癌的早期报警信号，可归纳为以下内容：

◎ 腹痛。腹痛无规律性，明显不同于往常。
◎ 胃痛。胃痛发作时，进食或服药后无济于事，反而加重。
◎ 食欲不振、乏力。以往胃病发作时，食欲、体重和体力无多大影响，现在却出现食欲不振、乏力，并且体重有明显减轻的症状。
◎ 便血。持续便血甚至呕血。
◎ 消瘦。原因不明的消瘦。

防癌招数：保持良好的生活习惯+定期检查

保持心情愉快、饮食定时定量，注意饮食卫生、防止暴饮暴食、少饮酒、适当运动，合理安排自己的生活起居，能够有效减少胃癌的发生。另外，胃癌的高发人群，更应加强重视，建议定期（6~12个月）进行胃镜检查。

饮食方向

◎ 选择维生素和矿物质含量比较高的食物。
◎ 饮食要少而精，少食多餐。膳食要注意合理搭配，营养均衡，防止体液偏酸。
◎ 饮食宜清淡、少盐少油，少吃泡菜、酸菜等腌制食物。

食管癌

不可不防的消化道肿瘤

食管癌是常见的消化道肿瘤，全世界每年约有30万人死于食管癌，而我国约占一半人数，是食管癌发病率较高的国家。发病年龄多在40岁以上。以下几种女性是食管癌的高发人群。

♡ 长期饮烈性酒、吸烟、摄食过硬食物、进食过快的女性。

♡ 长期食用油炸、烟熏、烧烤、腌制类食品的女性。

♡ 喜爱过烫食物（如热饮、火锅、麻辣烫等）的女性。

♡ 有食管癌家族遗传史的女性。

♡ 曾有口腔黏膜炎症、食管炎等病史，治愈后反复发作的女性。

癌变信号：食物吞咽不畅

据最新的统计，早期食管癌的症状有：食物吞咽不畅，进食冷、热食物时感到刺痛，胸骨后疼痛、进食时能够感到食物通过，且大多数患者都是重度的吸烟者和饮酒者。

防癌招数：保护食管+药物预防

食管是一切饮食经过的器官，具有重要的消化功能。预防食管癌，可以从保护食管开始，比如，吃饭时细嚼慢咽，不吃过热、过硬和刺激性强的食物，要注意口腔卫生等。另外，很多易患食管癌的高危人群往往缺乏一定的维生素和微量元素，如铁、钼、锌、锰、硒等，故高危人群可以在医生的指导下，补充相应的药物进行预防。

饮食方向

◎ 饮食要注意合理搭配、营养均衡，多吃新鲜蔬菜和水果，避免高脂、高糖类食品。

◎ 避免食用被霉菌污染的食物。如被白地霉菌污染了的酸菜等。

◎ 戒除烟酒。烟酒，尤其是烈性白酒，对食管刺激过强。

◎ 饮食上需注意细嚼慢咽、荤素兼备，避免进食过快，避免食用过热、过硬、过粗的食品。

专题三
解读女性"身体地图"，
了解决定健康的5个部位

子宫是女性生殖系统的重要组成器官之一。如果想拥有女性独特的风韵，或享受为人母的权利，绝对离不开健康的子宫。

子宫问题知多少

子宫既承担着孕育胎儿的重任，又是女性重要的内分泌器官，其分泌多种激素来调节并维持女性内分泌的稳定。对于子宫健康的女性来说，其体内存在的雌激素水平会影响其一生的智力状况，并能决定女人进入更年期时间的早晚。在某种程度上，子宫影响着女人的一生。因此，女人应倍加呵护自己的子宫，否则许多疾病就会不知不觉间乘虚而入，给自己的健康带来困扰。比如，避孕或妊娠失败（如流产、葡萄胎、宫外孕），在此过程中，子宫一次次牺牲，同时也遭受重创。另外，各种微生物感染易导致子宫炎症，内分泌失调易导致子宫病理变化。

爱护子宫就是爱护身体

◎ 积极避孕。据调查，堕胎3次以上，子宫患病及发生损害的可能性就会明显增加。

◎ 如果多次人工流产，很容易造成宫腔感染、宫颈或宫腔粘连，导致继发性不孕。

◎ 切勿纵欲乱性。生活放纵，尤其是与多名男性发生两性关系，子宫会成为首当其冲的受害者。不洁的性生活会让病原体经阴道进入子宫腔内，引起子宫内膜感染。

◎ 注意观察月经、白带是否正常。发现白带增多，经期出血异常要及时就医，并做相关的检查，做到早发现、早治疗。

乳房

乳房是集哺乳功能、性感功能及特有的女性美象征为一体的器官。拥有美丽、丰满的胸部是每个女性梦寐以求的事情。在讲求"健康就是美"的现代社会里，女性胸部丰满、均匀已渐渐成为美女标准的必要条件之一。

健康乳房的标准

◎ 美学的观点认为半球型、圆锥形的乳房是属于外形较理想的乳房。

◎ 两乳头的距离以22～26厘米为佳，乳房微微自然向外倾。

◎ 乳房微微向上挺，从乳头向内厚8～10厘米。

◎ 乳晕大小不超过1元硬币，颜色红润且粉嫩，与乳房皮肤有明显的分界线，婚后乳晕色素沉着呈现褐色。

◎ 乳头应突出，不内陷，大小为乳晕直径的1/3。

◎ 中国女性完美胸围大小与身高的关系为：身高（厘米）× 0.53。也就是说，一个身高160厘米的成熟的女性，她的标准胸围应该是84.8厘米；身高170厘米成熟女子，其标准胸围应为90.1厘米。

胸罩的选择与正确穿戴

不要以为女性的乳房是一成不变的。经期前因激素影响，乳房会变得肿胀；体重减轻或增重时，乳房也会随之缩小或增大；怀孕后，乳房会自然胀大，松弛下垂；年龄增长，胸部也会慢慢变得下垂。一般情况下，女人的乳房一生会改变6次，因此，胸罩的穿着应随着乳房变化而调整。

如何选择胸罩

选择胸罩以纯棉材料为佳，同时要考虑罩杯大小、杯形、肩带以及胸廓长度（胸围大小）等多方面因素。很多人容易把罩杯大小和胸围大小弄混，要防止这样的问题，最好先搞清楚两者的不同，通常在试戴胸罩时，可以咨询有经验的销售服务人员。至于到底选择什么样杯形的罩杯，专家表示：应根据自己的乳型选择适当的罩杯，根据穿用目的选择胸罩款式与材质才是健康的穿着方法，尽量不要选择无肩带或脱卸式肩带的胸罩。新买回来的内衣因为在制作过程中为了美观，使用了多种化学添加剂，所以应该在穿戴前先用清水或盐水洗涤一遍。

正确穿戴胸罩的5道程序

1. 将肩带套在肩上，上半身略往前倾，托住胸罩下面的钢圈。

2. 将两边的乳房全塞入罩杯内，上半身依旧往前倾，呈45°，扣上扣环，腋下和背部的赘肉都塞进罩杯里。

3. 调整肩带长度，不要紧嵌着肩膀的肉，以可以伸进一指的松紧度最适宜。再将手上举，看看胸罩下围有没有上滑。

4. 将手伸进罩杯旁边，将四周的赘肉拨进来，后将胸罩两侧拉平。

5. 最好抓着后面扣环往下拉，再稍调整一下，以最舒服的感觉为准。

哺乳期的乳房保护

哺乳期是乳腺功能的旺盛时期，这个时期要特别注意乳房的清洁卫生。每次喂奶前，要把乳头清洗干净，同时还要注意正确哺乳，防止乳汁积蓄。一般来说，产妇在分娩半小时以后就可以喂奶，以后每隔3～4小时喂一次，每次喂奶尽量使乳房排空。喂奶时应将乳房托起，喂完奶，还应用手顺乳腺管的方向按摩。

阴道

　　阴道属于女性的外生殖器，是整个生殖系统的门户，也是很容易感染疾病的一个器官。那么，如何好好保护你的阴道，使整个生殖系统始终处于健康状态呢？

阴道清洗的原则

　　对于女性来说，阴道保洁是一个比较时尚而又羞涩私密的话题，然而，这种保洁时尚有可能破坏阴道内的微生态环境，增加性传播疾病的发生等。这许多的弊端往往被忽略，或者一些女性根本就不知道阴道保洁过度容易给生殖系统带来损害。那么，女性在阴道卫生护理时应该掌握哪些具体的原则和方法呢？

清洗要把握"度"

　　女性的外阴应当经常清洗，一般每日2次，最好大便完后也清洗1次。月经期不能进行盆浴，性生活前后都应及时清洗外阴。

用温水清洗

　　要用温水清洗，无论什么时候都不能用温度过高的热水清洗，因为热水会造成局部的刺激和损伤；也不宜使用冷水，这不仅因为用冷水清洗局部会感到不适，而且不易将局部的分泌物清洗干净。

　　外阴清洗可用一般的清水或添加专门的清洗剂，也可自制清洗剂，即在1升水中加入1勺食醋和食盐烧开后备用，其效果不亚于商店、药店出售的清洗剂。

清洗顺序不可错

　　洗外阴时，水流和手的运动方向都应该从前向后，而不能从后向前，以免将肛门部位的细菌带入阴道。在局部清洗时，要从大阴唇内侧开始，再向内清洗小阴唇、阴蒂周围及阴道前庭，然后清洗大阴唇外侧、阴阜和大腿根部内侧，最后清洗肛门。

内裤穿着、清洗有讲究

内裤穿着三不宜

　　根据女性特殊的生理特点，专家建议女性在选择内裤时应注意以下3个不宜：

◎ 不宜穿太紧的内裤。由于女性的阴道口、尿道口、肛门靠得很近，内裤如果穿得太紧，易与外阴、肛门、尿道口产生频繁的摩擦，使这一区域的污垢（多为肛门、阴道分泌物）进入阴道或尿道，引起泌尿系统或生殖系统的感染。

◎ 不宜穿深色内裤。因为患阴道炎、生殖系统肿瘤的女性白带会变得比较浑浊，甚至带红、黄色，这些都是疾病的信号。如果早期能发现这些现象而及早治疗，就能得到较好的疗效。如果穿深色的或图案太花的内裤，病变的白带不能及时被发现，就可能延误病情。

◎ 不宜穿化纤的内裤。化纤内裤尽管价格便宜，但通透性和吸湿性均较差，不利于会阴部的组织代谢。加之白带和会阴部腺体的分泌物不易挥发，捂得外阴整天湿漉漉的，这种温暖而潮湿的环境非常有利于细菌的生长繁殖，从而易引起外阴部或阴道的炎症。

　　综上所述，女性在选择内裤时宜选择白色或浅色、宽松的纯棉内裤。

怎样清洗内裤

◎ 内裤要天天换、天天洗、及时洗。不要穿着脏内裤过夜，否则外阴部容易滋生细菌，且增加清洗的难度。

◎ 内裤必须手洗。内裤一般相对较小，为增加摩擦密度，建议用拇指与食指捏紧，细密地搓揉，这样才洗得干净、彻底。

◎ 洗液必须是肥皂水，器皿最好是专用的盆，水最好是凉水。

◎ 洗净的内裤切忌直接暴晒。应先放在阴凉处吹干，然后再置于阳光下接受紫外线的消毒，这样才能彻底杀死细菌。

盆腔

盆腔好比女人的"聚宝盆"，里面装着女人特有的秘密武器，即使我们深知它存在的重要性，有时候一不留神也会让它受委屈，尤其是恼人的盆腔发炎。如果你正遭受盆腔炎的折磨，千万别沮丧，看了以下的内容，你会发现远离盆腔炎原来如此简单！

腰酸祸起盆腔炎

资料显示，不少女性腰部酸胀都是由盆腔炎引起的。女性内生殖器（子宫、输卵管、卵巢等）及其周围的结缔组织、盆腔腹膜发生炎症时，都称为盆腔炎。引起盆腔炎的病原体一般有葡萄球菌、大肠杆菌、链球菌、厌氧菌以及性传播的病原体如疱疹病毒、衣原体、支原体等。

诸多因素诱发盆腔炎

生理的特殊结构决定了女性有可能会受到妇科手术、分娩、过度或不洁的性活动等因素的影响，这些都会使身体原有的自然保护机制受到破坏，从而感染病原体引发盆腔炎。广谱抗生素的大量使用，皮质激素、抗代谢药物的应用，放、化疗的强度增加也大大增加盆腔内受感染的概率。其他因素如子宫内膜异位症、子宫肿瘤等疾病也易导致盆腔炎的发生。

盆腔炎的症状及危害

盆腔炎有时症状表现不明显，也可表现为腰酸、腰部坠胀、下腹压痛、心率快、阴道有脓性分泌物、寒战、恶心、腹胀、排尿困难，常在劳累、性生活后、月经前后加剧。盆腔炎如不及时有效地治疗，容易导致盆腔血，致使卵巢功能受损，会出现月经失调、输卵管粘连阻塞等症，从而导致不孕症的出现。急性炎症有可能引起弥漫性腹膜炎、败血症以至感染性休克等严重后果；慢性炎症久治不愈、反复发作，将影响正常工作、生活和患者的身心健康。

高效、精准是治疗盆腔炎的关键，治疗急性盆腔炎最有效的是通过中西医药物结合治疗，选用清热解毒、活血化瘀的高效药物。必须坚持治疗，不能症状一消失就不再用药，这样很容易引起复发甚至导致慢性盆腔炎，因此治疗一定要彻底。

预防盆腔炎发生的方法

健康减肥法

部分女性由于担心肥胖，单纯地只依靠不吃饭来瘦身，以至于使机体处于极度的虚弱状态，甚至造成肝肾功能严重受损。如果不及时给予充分的营养，就会造成机体抵抗力急剧下降，可能继发各种不同类型的感染，使盆腔炎的发生概率增加。因此，为了预防盆腔炎，增强抵抗力，应采用正确的瘦身方法，在节食的同时，多吃高蛋白的食物，如猪瘦肉、豆制品，多吃蔬菜、水果，这样做既能满足人体所需，又不会增加体重。

注意经期卫生

目前绝大多数的女性都能做到经期避免同房，但是由于现代职业女性工作压力越来越大，不能在经期得到充分的休息，而仍然要拼命工作，久而久之就容易引起盆腔充血，抵抗力下降，导致盆腔炎。因此，女性在经期首先要避免同房，其次要注意休息，最重要的是要注意经期卫生。

使用避孕套

一种有效预防盆腔炎且代价极低的防护办法就是大力推广避孕套的应用。据调查，坚持使用避孕套的女性盆腔炎的发病率显著低于不使用避孕套的同龄女性。

固定性伴侣

随着社会的进步，人们的性观念也在逐渐开放。婚外性关系，多个性伴侣已经变得不再是"洪水猛兽"。但这同时也给女性健康带来了新的危害，尤其在男女双方都有多个性伴侣的情况下，女性发生盆腔炎的概率要较性伴侣固定的女性高几十倍。因此，严肃性态度，固定性伴侣是我们应该坚持的原则。

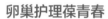

卵巢

卵巢是女性一生中最私密的伙伴，它状如杏仁，位于子宫两侧，还有许多重要功能。卵巢是女性重要的内分泌腺体之一，其主要功能是分泌女性激素和产生卵子。女性发育成熟后，卵巢会分泌雌激素和孕激素，在其影响下出现月经来潮。同时雌激素能促进女性生殖器官、第二性征的发育和保持。可以说女性能焕发青春活力，卵巢的作用功不可没。

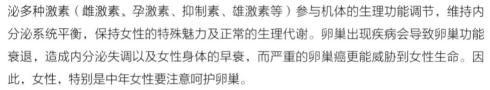

卵巢护理葆青春

卵巢是女性的青春之源，因为它能产生成熟的卵子，并促进卵子的排放，同时整体协调女性的生殖系统，分泌多种激素（雌激素、孕激素、抑制素、雄激素等）参与机体的生理功能调节，维持内分泌系统平衡，保持女性的特殊魅力及正常的生理代谢。卵巢出现疾病会导致卵巢功能衰退，造成内分泌失调以及女性身体的早衰，而严重的卵巢癌更能威胁到女性生命。因此，女性，特别是中年女性要注意呵护卵巢。

如何进行卵巢保养

卵巢保养需要保持乐观情绪

卵巢保养最重要的是加强自身情绪方面的调整。中老年女性要改变"女性第二性征退化，将会使女性魅力大减"的错误观点，增加乐观情绪，认识到成熟女性更具有独特的气质美。而善于控制和调整情绪，以积极态度对待工作和生活，能让这种气质美锦上添花。另外，全身心投入自己爱好的活动、运动中，对情绪调整也有很大帮助。

健康生活方式有利卵巢保养

◎ 饮食方面要注意营养平衡，除了摄入足量的蛋白质外，脂肪及糖类摄入也应适量，同时特别注意维生素E、维生素D及无机盐，如铁、钙的补充。

◎ 要适当加强运动，延缓器官衰老。如慢跑、散步、太极拳均是较适宜的运动。

◎ 保证睡眠充足，晚餐不宜过饱，晚上不宜做剧烈运动。

◎维持和谐的性生活，可增强对生活的信心，消除孤独感，缓解心理压力，并提高人体的免疫功能。